石油化工与安全生产

余江平　赵茹　唐江明◎主编

哈尔滨出版社
HARBIN PUBLISHING HOUSE

图书在版编目（CIP）数据

石油化工与安全生产 / 余江平，赵茹，唐江明主编
. -- 哈尔滨：哈尔滨出版社，2023.1
ISBN 978-7-5484-6884-4

Ⅰ．①石… Ⅱ．①余… ②赵… ③唐… Ⅲ．①石油化工－安全技术 Ⅳ．①TE687

中国版本图书馆CIP数据核字(2022)第229935号

书　　名：石油化工与安全生产
SHIYOU HUAGONG YU ANQUAN SHENGCHAN

作　　者：余江平　赵　茹　唐江明　主编
责任编辑：韩金华
封面设计：文　亮

出版发行：哈尔滨出版社（Harbin Publishing House）
社　　址：哈尔滨市香坊区泰山路82-9号　　**邮编：**150090
经　　销：全国新华书店
印　　刷：北京宝莲鸿图科技有限公司
网　　址：www.hrbcbs.com
E－mail：hrbcbs@yeah.net
编辑版权热线：（0451）87900271　87900272

开　　本：787mm × 1092mm　1/16　**印张：**9.75　**字数：**212千字
版　　次：2023年1月第1版
印　　次：2023年1月第1次印刷
书　　号：ISBN 978-7-5484-6884-4
定　　价：68.00元

前 言

石油化工生产规模大型，工艺流程复杂，生产过程连续性强、自动化程度高，工艺条件苛刻，生产使用的原料、中间体和产品种类繁多，并且绝大多数是易燃易爆、有毒有害、腐蚀性等危险化学品。石油化工生产的这些特点，决定了其发生泄漏事故、火灾与爆炸事故的可能性及严重后果比其他行业一般来说要大，而且一旦发生事故，将会造成重大损失，生产也无法进行下去，甚至整个装置会毁于一旦。因此，消防安全工作在石油化工生产中有着非常重要的作用，是石油化工生产的前提和关键。

化工和石油化工是国民经济的支柱产业，是发展最迅速，与人们关系最密切的部门之一。它的重要地位和巨大作用，它的光辉过去和美好未来，曾引起人们的广泛兴趣，吸引成千上万优秀人才为之献出毕生精力。但是，近年来，在舆论宣传上出现了一些对化工和石油化工不利的情况。电子、生物、建筑、计算机等专业成为“热门”，受到社会舆论报道的青睐，相比之下化工受到冷落，不大为人们所了解。

在生产和生活中，火和爆炸一旦失去控制，就会酿成灾害，而且火灾和爆炸事故往往能造成惨重的人员伤亡和巨大的财产损失。随着经济社会的飞速发展，可燃易爆物品广泛应用于各行各业，尤其是石油化工行业，危险性更大。石油化工行业具有“易燃易爆、有毒有害”等特点，极具危险性，事故发生概率高，且一旦发生事故后果极其严重。近几年，随着我国石油化工行业的不断发展，石油化工等企业危险品的生产、储运和使用数量越来越多，范围也越来越广，石油化工企业火灾与爆炸事故时有发生，这些事故的发生不仅给国家和人民群众的生命与财产造成极大的损失，也给公共安全与社会稳定带来了极大的负面影响，一定程度上影响了石油化工行业的发展。因此，石油化工企业安全生产问题成了安全工程专业研究重点之一。

总的来说，本书主要通过言简意赅的语言、丰富全面的知识点及清晰系统的结构，对石油化工与安全生产的发展进行了全面且深入的分析与研究，充分体现了科学性、发展性、实用性、针对性等显著特点，希望其能够成为一本为相关研究提供参考和借鉴的专业学术著作，供人们阅读。

目　录

第一章　石油概述

第一节　概述

一、石油与石油工业

石油是从地层深处开采出来的黄褐色乃至黑色的可燃性黏稠液体矿物，常与天然气并存。英语中的“石油”一词源于拉丁语，有岩油之意，泛指形成于岩石之中的含油物质。在我国，石油这一名称最早是北宋沈括提出的。

石油工业指从事石油勘探、石油开采和石油加工的能源和基础原材料生产的行业（部门）。因此，石油工业是一个大的行业体系，包括天然石油和油页岩的勘探、开采、炼制、储运等生产单位，一般将石油的勘探、开采、储运、销售等称为石油工业（上游）；将天然气的勘探、开采、提纯、储运、销售等称为天然气工业；而将炼油、石油化工产品的生产等称为石油化学工业（下游）。

二、石油安全工程的研究对象与目的

石油的主要成分是烃类化合物，易燃易爆，其生产过程具有危险性。安全科学是研究事物的安全与危险矛盾运动规律的科学。石油安全工程以安全科学作为理论基础，着重从工业安全技术的角度，研究石油工业生产过程中的安全技术问题。

石油安全工程通过对石油生产工艺、生产设备和生产过程的分析，探究石油生产过程中危险或事故的发生时间、场合和部位，揭示造成危险的主客观因素及事故发生、发展的本质规律，研究预测、清除或控制危险的安全技术，着重研究火灾爆炸、井喷失控、中毒窒息等重大恶性事故及多次重复发生事故的预防、控制技术。简而言之，石油安全工程的研究对象是石油工业生产过程中的安全技术问题。

石油安全工程研究的目的是认真贯彻执行国家的有关方针、政策、法律、法规和行业技术标准，分析研究石油生产过程中存在的各种不安全因素，采取有效的控制和消除各种潜在的不安全因素的技术措施或管理办法，防止事故的发生，保证生产安全。因此，在研究中必须坚持“安全第一，预防为主”的基本原则。

所谓“安全第一”，就是要求石油工业企业在考虑经营决策、设计施工、计划措施安排、生产作业组织，以及科技成果应用、技术改造、新建、改建、扩建项目等生产活动中，必须把安全作为一个重要的前提条件，落实安全生产的各项措施，保证生产长期、安全地进行，保证生产对环境不良影响的程度降到较低水平，保障职工的人身安全与健康。

所谓“预防为主”，就是应当把安全工作的重点放在事故的预测、预防上，运用安全科学的基本原理，探究事故发生和发展的规律，对各种事故或潜在的危险性进行科学的预测和评价，以便采取有效的预防措施，防止事故发生和扩大，最大限度地减少事故造成的损失。

三、石油安全工程的研究内容

石油安全工程的研究内容，从横向来看，应该包括对石油工业领域的人、物、环境等对象采取的安全技术措施；从纵向来看，又涉及设计、施工、验收、操作、维修及经营管理等诸多环节中的安全技术问题。

石油工业是一个大的行业体系。石油安全工程的研究内容，既包括石油的勘探、开采、储运、销售等石油工业（上游）的生产安全技术问题；也包括以石油为生产原料的炼油、石油化工产品生产等石油工业（下游）的生产安全技术问题。因此，石油安全工程是一门综合性的学科，它的研究内容涵盖了油田生产安全技术、油气储运安全技术、油库安全技术、石油化工安全技术、加油站安全技术等内容。

石油安全工程的研究特点是以石油生产过程（生产链）为轴线，以火灾爆炸、井喷失控、中毒窒息等重大恶性事故及多次重复发生的事故为研究重点，分析导致事故发生、发展的主客观因素，探索实现生产过程中人—机—环境系统本质安全化的途径，研究生产过程中的事故预防及控制技术。

第二节　石油生产的基本过程

石油生产过程包括油气勘探、油气开采与油田开发、油气集输与储运、原油炼制与石油化工等。对安全工作者而言，了解石油生产过程，熟悉其生产工艺和生产设备，对分析和掌握可能导致事故发生的根本原因，准确定位可能发生事故的作业工序和部位，及时查找和排除危险危害因素，从而降低事故的发生率和事故伤亡率，搞好安全工作非常重要。

一、石油的生成

关于石油的成因，学术界有油气无机成因说、油气有机成因说和油气成因二元论三种观点。

无机成因说认为油气是由与生命活动无关的无机物生成的，是宇宙天体中简单的碳、氢化合物或地下深处岩浆中所含的碳、氢以无机方式合成的。

有机成因说认为生物体是生成油气的原始物质，油气是由生物体在死亡之后转变而成的。尽管有机成因说被大多数人所接受，但在目前已经开发的油田中，确实找到了无机成因的原油和天然气，于是便有了油气生成的二元论。二元论认为油气既可以是由有机物转变而来的，也可以是由无机物转变而来的。

有机成因说认为生物体中的有机质先要转化成一种特殊的有机质——干酪根。干酪根主要存在于生油层中，其主要成分是碳、氢两种元素，一般认为它是在成岩作用晚期经过热解生成的。有机质先转化成干酪根再降解成烃，大量的烃经过运移，在合适的地质条件下聚集储存起来形成油气藏。因此，油气藏的生成除了要有丰富的有机质以外，还必须要有一定的外界条件。这些外界条件可以分为地质条件和物理化学条件两个方面。

影响油气生成的地质条件有大地构造条件、古地理环境、古气候条件等。

大地构造条件是指能够使沉积盆地形成很厚的沉积岩，形成富含有机质、适合油气生成的岩层，同时形成具有较高的地温梯度及适合有机质向油气转化的大地构造。古沉积盆地在其地质历史时期稳定下沉，使有机质不断堆积埋藏下来而形成丰富的有机质，造成沉积厚度大、埋藏深度深、地温梯度高等有利于有机质迅速向油气转化的优越地质构造环境。

古地理环境是指有利于生物大量繁殖的自然环境。如果水体中营养丰富、阳光充足、温度适宜，这样的古地理环境有利于形成丰富的有机质堆积埋藏。

古气候条件直接影响着生物的发育。年平均温度高、日照时间长、空气湿度大都可以显著增强生物的繁殖能力。

影响油气生成的物理化学条件有细菌、温度与时间、催化剂和放射性等因素。

细菌可使有机物中的氧、硫、氮、磷等元素分离出来，使碳、氢，特别是氢富集起来。

一般认为，只有在一定的压力、温度条件下，有机质才能向油气转化。有机质开始转化为石油的温度称为有机质的成熟温度，又称为门限温度。温度与时间将影响有机质向油气转化的过程，当温度高于门限温度时，高温短时作用与低温长时作用可产生几乎相同的作用效果。

黏土中的矿物和有机酵母两类物质是加速有机质向石油转化的催化剂。催化剂的存在有助于干酪根加速分解产生低分子液态和气态烃，并且可以降低成熟门限温度，促进油气生成。现在认为，在黏土岩中富集大量的放射性物质，沉积物所含水分子在射线的轰击下可以产生大量的游离氢，所以铀（U）、钍（Th）等放射性物质的存在是促使有机质向油气转化的能源之一。

在有机质向油气转化的过程中，上述各种条件的作用因其时空变化的不同而不同。细菌和催化剂都是在特定阶段才能显著地加速有机质降解而生成油、生成气，放射性作用则可以不断提供游离氢，只有温度与时间在油气生成的全过程中都起着重要作用。因此，有机质转化成干酪根再降解成烃的转化是在适宜的地质环境中多种因素综合作用的结果。

有机成因生油理论是指导石油勘探实践的最基本理论。

二、石油勘探

石油勘探就是利用各种手段了解地下的地质情况，查找油气资源，勘察油气的生成、运移、聚集、保存等信息，综合评价含油气的远景，以确定油气生成聚集的有利地区，找到埋藏油气的圈闭，并探明油气田的面积，搞清楚油气层的情况和油田的产出能力的过程。因此，石油的勘探过程实质上就是寻找油气田的过程。

三、石油开采与油田的开发

通过地质勘探发现有工业价值的油田以后，就可以进入油田开发阶段了。任何一个矿藏的开发，都要讲究其经济有效性，以实现投入少、产出多、最终采收率高的目标。

（一）油田的开发方式

由于各个油田的地质情况、油层天然能量的大小，以及原油性质都不同，因而对不同油田应采取什么样的开发方式、如何合理布置生产井的位置、油田的年产量多少为宜等，都是在油田投入开发之前就必须认真研究和确定的问题。

油气藏类型是决定油田开发方式的基础和依据。按含油气藏的形态可以将油气藏的类型划分为层状油气藏、块状油气藏和不规则状油气藏等；按圈闭成因又可以将油气藏分为构造油气藏、非构造油气藏及复合油气藏，部分典型油气藏类型如图 1-1 所示。

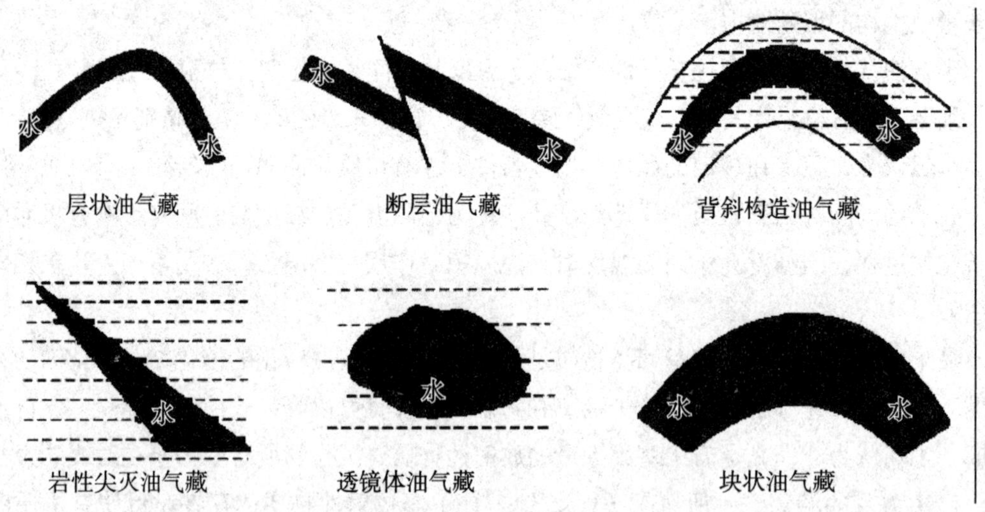

图 1-1　部分典型油气藏类型示意图

油田开发工程一般是以油气藏为单元来考虑的，单个油气藏可以独立开发，几个埋藏深度相近、地质条件相似的油气藏，也可以采用相同的开采方式和井网一并开采。如果同一个油田内的若干个油气藏的地质条件、原油性质相差悬殊，则需要对不同油气藏区别对待，采用不同的开采方式和开发井网。

（二）油气藏开采的动态特性

油气藏的多样性，决定了油田开发方式的多样性。通过长期实践和科学探索，目前对油田实行有效开发的方式、方法很多，归纳起来大体有保持和改善油层驱油条件的开发方式、优化井网有效应用采油技术的开发方式、特殊油气藏的特殊开发方式、提高采收率的强化开发方式四类。并且，开发方式不仅要适应油气藏的不同特点，而且要随着开发进程的变化而调整。

油田埋藏于地下，是个隐藏的实体，在开采过程中，其内部油、气、水是不断流动着、变化着的，这种流变性是其他固体矿藏所不具有的特点。因此，要有效地开发油田，就得在开发过程中不断调整各项措施，以适应变化的情况；同时，还要不断地改造油层，使它能朝着人们预定的、有利于开发的方向变化和发展，这是在油田开发过程中需要不断研究和解决的问题。总的来说，油田开发的过程是一个不断认识、不断调整的过程，需要人们具有先进的认识方法和改造技术，这样才能实现对它的有效开发。

（三）油田开发的安全问题

在石油的开采与油田的开发过程中，涉及钻井、采油、采气、注水、注蒸汽、井下作业等许多的油田开发作业过程，需要使用钻井机械系统、采油设备、井下作业设备等诸多机具设备，不仅作业类型多、设备种类多，而且野外作业多、体力劳动强度大、危险危害因素多，易发生机械伤害、起重伤害、高处坠落、中毒窒息等伤害事故；又由于油气藏的流变特性和油气的易燃易爆特性，易发生井喷失控、火灾爆炸等重大恶性事故。因此，了解油田的油气藏特性、熟悉油气开发生产过程和生产工艺，是系统分析生产过程中的危险危害因素、制定安全对策措施、强化安全管理、确保安全生产的重要方面。

四、油气集输工程

油气集输是指油田矿场原油和天然气的收集、处理和运输。这一过程从油气井井口开始，把分散的各个井产出的油气水等混合物集中起来，经过一定的处理，使之成为符合国家标准的原油、天然气、轻烃等产品和符合地层回注水质量指标或外排水质量标准的含油污水，并将原油和天然气分别输往输油管道的首站（或矿场油库）和输气管道的首站，将污水送往油田注水站或外排。

油气集输系统主要包括气液分离、原油脱水、原油稳定、天然气净化、轻烃回收、污水处理和油气水的矿场输送等环节。

油气集输的工艺过程：油井产出的多相混合物经单井管线（或经分队计量后的混输管线）混输至集中处理站（集中处理站也称油气集输联合站），在联合站内首先进行气液的分离，然后对分离后得到的液相进一步进行油水分离，通常称为原油脱水；脱水后的原油在站内再进行稳定处理，稳定后的原油输至矿场油库暂存或直接输至长输管道的首站；在稳定过程中得到的石油气送至轻烃回收装置进一步处理；从油水混合物中脱出的含油污水及泥沙等，进入联合站内的污水处理站进行除油、脱杂质、脱氧、防腐等一系列处理过程，使之达到油田地层回注或环境保护要求的质量标准，再根据要求回注地层或外排；对从气液分离过程中得到的天然气（通常称为油田伴生气或油田气），进行干燥、脱硫等净化处理后，再进行轻烃回收处理，将其分割为甲烷含量 90% 以上的干气和液化石油气、轻质油等轻烃产品，其中干气输至输气管道的首站，液化石油气和轻质油等轻烃产品可直接外销。

五、原油炼制与石油化工

油田生产的原油要经过炼制才能生产出各种石油产品。原油炼制生产包括蒸馏、催化裂解、催化重整、醚化、烷基化和甲乙酮等工艺，其主要任务是生产各种燃料油。其基本过程如下：原油经一次加工，即常压蒸馏过程，分离成不同的馏分。根据各馏分的性质，通过二次加工，包括催化裂化、催化重整、加氢裂化、焦化等工艺，可以得到更多轻质油品。为了满足产品的各项性能指标，还要进行三次加工，包括加氢精制、酸碱精制、溶剂精制等，最终得到合格的燃料油产品。原油中的特殊组分，如蜡、渣油等，可以用来生产各种蜡产品、润滑油和石油沥青等产品。

以石油或天然气为原料生产化工产品的工业，称作石油化学工业，简称石油化工。石油化工是以石油和天然气为原料通过裂解、分离等工艺生产出乙烯、丙烯、丁烯（丁二烯）、苯、甲苯、二甲苯、乙炔和萘等基本有机原料，它们可以称为“三烯三苯一炔一萘”，在此基础上进一步加工，得到各种有机化工产品和合成塑料、合成纤维、合成橡胶等合成材料。

第三节　石油及其产品的特性

一、石油和石油产品的分类

石油是烃类复杂混合物，其组分主要是烃类，也含有非烃类。我国的油气田产品除原油、天然气外，还有少量的油田液化石油气及天然汽油，可根据它们的组成、主要性质和质量来分类分级。了解石油和石油产品的分类有助于增强石油安全工程基础知识。

（一）原油分类

根据石油资源条件和油气田的实际情况，我国原油按其关键组分划分为凝析油、石蜡基油、混合基油和环烷基油 4 类，密度小于 0.82 g/cm³ 的原油均归入凝析油类，其他 3 类再各按其密度大小分为 2 个等级，故原油共分为 4 类、7 个编号。

（二）天然气分类

按照生产来源不同，天然气可分为纯气田天然气、凝析气田天然气和油田原油伴生天然气 3 类。天然气分级的主要指标是热值、H_2S 含量、总硫含量及凝液含量。天然气中的 H_2S 对人体有毒害，而其中的硫含量在燃烧后会形成 SO_2，对人体和环境也有危害，故按 H_2S 含量和总硫含量的高低可分为 3 类。

二、油品的易燃性

气、液、固相可燃介质在适量的助燃剂存在的环境中遇到足够的着火能源即可燃烧。但可燃气体或助燃剂含量过低，形成的混合气体在燃烧极限以外，或着火能源不足，达不到着火温度时，尽管可燃物、助燃剂、引燃源三者齐备，同样可以不发生燃烧现象。

（一）燃烧极限

在一定的温度和压力下，只有燃料浓度在一定范围之内的混合气才能被点燃并传播火焰。这个混合气中燃料的浓度范围就称为该燃料的燃烧极限（Limits of Flammability）。

由于燃烧过程的化学反应速度或释放热能的速度是根据化学反应动力学理论得到的，对于大多数燃烧反应，反应级数近似等于 2，若燃料和空气的化学计量系数均等于 1，则化学反应速度由燃料和空气两者浓度的乘积决定，因此，任一因素的浓度严重降低，均能促使反应速度减小并使释放的热能不能补偿热量的散失，因而使混合气不能点燃及传播火焰。这就是混合气浓度过稀或过浓都不能实现顺利点火的原因。

通常把混合气能保证顺利点燃并传播火焰的最低浓度称为该燃料的着火下限（燃烧下限），能保证点燃并传播火焰的最高浓度称为该燃料的着火上限（燃烧上限），常用体积分数表示。

为了防止火灾，烃类和液体燃料在存储和输送时，应该远离其燃烧极限。对于混合气体，如果已知混合气体中各单一气体的着火极限，利用勒夏特列原理，可计算出混合可燃气体的着火极限为

$$\frac{1}{L}=\sum\frac{P_k}{L_k}$$

式中：L——混合可燃气体的着火上限或下限。

L_k——各组分的着火上限或下限。

P_k——各组分在混合气体中的体积百分比（$\sum P_k=1$）。

混合气体中存在有惰性气体时，上式就不大准确，这时必须借助于实验曲线，先确定某一可燃组分和惰性气体混合时的着火下限和上限，然后将这两种组分的混合气看成一种可燃气体，再利用勒夏特列公式计算该种可燃气与其他可燃气体混合的着火极限。

如果已知可燃物的相对分子质量 M 和净热值 $\Delta H(\mathrm{kJ/kg})$，则可由以下经验公式估计可燃物的燃烧下限 L_X（体积分数）和燃烧上限 L_S（体积分数），即

$$L_X = \frac{8.04 \times 10^5}{\Delta H \times M}$$

$$L_S = L + \frac{143}{M^{0.7}}$$

因为燃烧极限越宽、燃烧下限越小，则着火的危险度越大，故可用下式来计算着火危险度H，即

$$H = \frac{L_S - L_X}{L_X}$$

（二）最小点火能

最小点火能（Minimum Ignition Energy），也称为最小火花引燃能或者临界点火能（Critical Ignition Energy），是指使可燃气体和空气的混合物起火所必需的能量临界值。它是表达可燃气体、蒸汽和粉尘的爆炸危险性的重要参数。如果引燃源的能量低于该临界值，一般情况下不能着火。

一般情况下，普通的火花放出的能量约为 25 mJ，在地毯上行走摩擦产生的静电能量可达 22 mJ，这些能量足以使大多数碳氢化合物引燃引爆。

（三）闪点与自燃点

1. 闪点

可燃液体的蒸汽与空气所组成的混合物遇明火时发生一闪即灭的现象，此时蒸汽的温度被称为可燃蒸汽的闪点（Flash Point）。闪燃不能使液体燃烧，原因是在闪点温度下，液体蒸发缓慢，可燃液体蒸汽与空气的混合物瞬间燃尽，新的蒸汽来不及蒸发补充。闪点是衡量原油及油品火灾危险性的重要指标。

同系列的可燃液体，其闪点变化规律如下：随分子量的增加而增高；随密度的增加而增高；随沸点的增高而增高；随蒸汽压的降低而增高。可燃液体混合物的闪点不具有加和性，高闪点液体中即使加入少量低闪点液体也会大大降低闪点，增加火灾危险性。

2. 自燃点

自燃点（Spontaneous Ignition Point）是物质在没有外界火花或火焰点燃的条件下，能自动燃烧和继续燃烧的最低温度。对石油产品来讲，密度越大，闪点越高，而自燃点反而越低。因此，从闪点和自燃点两个角度考虑，重质油品要防高温，轻质油品要防明火。

（四）挥发性

油品的蒸汽压越高，说明液体越容易汽化。一般将石油产品的蒸汽不断向空气中逸散的现象称为挥发。蒸汽压的大小决定了其挥发性的强弱，馏分越轻的组分其挥发性越强。

在储存收发及传输等作业过程中，油品的挥发是不可避免的。油品挥发不仅会造成经济损失，而且还会出现在低洼区域沉降聚集现象，由于油气具有易燃易爆特性，这就为火灾及爆炸埋下了安全隐患，并且会污染环境。

石油产品除上述的燃烧极限、最小点火能、闪点、自燃点、挥发性等方面以外，还要

考虑反映油品易燃危险性的其他物理性质，如沸点、导电率、密度、黏度等，存储含水原油和重油的油罐长时间着火时还存在沸溢爆喷的危险。

（五）沸溢和爆喷现象

原油和重质油在储罐中着火燃烧时，时间稍长则容易产生沸溢、爆喷现象，使燃烧的油品大量外溢，甚至从罐中猛烈地喷出，形成巨大的火柱。这种现象是由热波造成的。

石油及其产品是多种烃类的混合物，油品燃烧时，液体表面的轻馏分首先被烧掉，而留下的重馏分则逐步下沉，并把热量带到下层，从而使油品逐层往深部加热，这种现象称为“热波”。热油与冷油的分界面称为“热波面”，热波面处油温可达到149℃ ~ 316℃。热波传播速度为 30 ~ 127 cm/h。当热波面与油中乳状水滴相遇或达到油罐底水层时，水被加热汽化，体积膨胀（膨胀约 1 700 倍），并形成非常黏的泡沫，以很大的压力升腾至油面，把着火的油品带上高空，形成巨大火柱，即会呈现出沸溢现象，使原油和重质油不断溢出罐外，并将油抛向高空，形成“火雨”现象，称爆喷现象，亦称喷溅现象。

沸溢和喷溅在原油火灾中危害极大，沸溢可使原油溅出距离达数十米，大油罐储油多时，其溢出的面积可达数千平方米，从而使火灾大面积扩散。喷溅时，火焰突然腾空，火柱可高达 70 ~ 80 m，火柱顺风向的喷射距离可达 120 m。火焰下卷时，向四周扩散，容易蔓延至邻近油罐，扩大灾情，并且可能使灭火人员突然处于火焰包围中，造成人员伤亡。

油品中只有原油、重油等重质油品存在明显的热波，并具有足够的黏度可形成泡沫，它们着火后容易产生沸溢、爆喷。由此可见，绝不能因重质油品的闪点高，着火燃烧危险性较小，而放松对它们防火的警惕。

三、油气的易爆性

（一）爆炸及其特征

爆炸是物质发生非常迅速的物理或化学变化的一种形式。这种变化在瞬间放出大量能量，使其周围的压力发生急剧的突变，同时产生巨大的声响。爆炸也可视为气体或蒸汽在瞬间剧烈膨胀的现象。

（二）爆炸的类型

根据爆炸传播速度，爆炸可分为轻爆、爆炸和爆轰。轻爆是指传播速度为每秒数十厘米至数米的爆炸。爆炸是指传播速度为每秒数十米至数百米的爆炸。爆轰是指传播速度为 1 000 ~ 7 000 m/s 的爆炸。

根据物理或化学变化形式，爆炸可分为物理性爆炸、化学性爆炸和核爆炸。

物质因状态或压力发生突变等物理变化而引起的爆炸称为物理性爆炸。物理性爆炸前后物质的性质和化学成分不改变。例如锅炉的爆炸，压缩气体、液化石油气超压引起的爆炸，压力容器内液体过热汽化引起的爆炸均属于物理性爆炸。这种爆炸能够间接地造成火灾或促使火势的扩大蔓延。

由于物质发生极速的化学反应，产生高温、高压而引起的爆炸称为化学性爆炸。化学性爆炸前后物质的性质和成分均发生了根本的变化。化学性爆炸按爆炸时所发生的化学变化，可分为简单分解爆炸、复杂分解爆炸和爆炸性混合物爆炸。乙炔在压力下的分解爆炸就属于简单分解爆炸，这种爆炸不一定发生燃烧反应，所需热量由爆炸物质本身分解时产生，受轻微震动即可引爆。复杂分解爆炸如炸药的爆炸。所有可燃气体、蒸汽、雾滴和粉尘与空气混合所形成的混合物的爆炸，包括石油、天然气的爆炸，均属于爆炸性混合物爆炸。这类爆炸需要一定条件，如爆炸物质含量、空气含量及激发能源等，其危险性虽较前两类化学性爆炸为低，但较为普遍，造成的危害也较大。

由于物质的原子核发生“裂变”或“聚变”的连锁反应，在瞬间释放出巨大能量而产生的爆炸，如原子弹、氢弹的爆炸，则属于核爆炸。

（三）爆炸的过程

爆炸虽然发生于瞬间，但它还是存在一个发生、发展的过程。以化学性爆炸中爆炸性混合物爆炸为例，需经历混合物形成、连锁反应、完成爆炸 3 个阶段。

1. 爆炸性混合物的形成阶段

此时可燃物质与助燃物质相互扩散形成爆炸性混合物，遇明火后，燃爆开始。

2. 连锁反应阶段

爆炸性混合物与点火源接触后便有自由原子或自由基生成而成为连锁反应的作用中心，热和连锁载体向外传播，促使邻近一层爆炸混合物起化学反应，然后这一层又成为热和连锁载体的源泉，继而引起另一层爆炸混合物的反应。火焰是以一层层同心圆球面的形式往各方面蔓延。火焰的速度从着火点附近 0.5 ~ 1 m 处的每秒若干米开始，逐渐加速达每秒数百米（爆炸）以至数千米（爆轰）。若在火焰扩散的路程上有遮挡物，则燃烧热的积聚会导致气体温度上升，连锁反应速度急剧加速引起压力的急剧增加，爆炸威力升级。

3. 完成爆炸阶段

此时爆炸力造成破坏，甚至是灾难性的破坏。

（四）油气爆炸的基本概念

石油、天然气的爆炸属于可燃性油品蒸汽或天然气与空气混合形成爆炸性混合物的爆炸，其爆炸原理涉及爆炸极限、爆炸温度和压力及爆炸威力等多个方面。

可燃气体或液体蒸汽与空气的混合物，在一定的浓度范围内，遇有火源才能发生爆炸。这个遇有火源能发生爆炸的浓度范围，称为“爆炸浓度极限”，通常用体积百分数来表示。其中，遇火源能发生爆炸的最低浓度称为“爆炸浓度下限”，而最高浓度则称为“爆炸浓度上限”。

一切可燃物质与空气所形成的可燃性混合物，从爆炸下限到爆炸上限的所有中间浓度，在遇有引爆源时都有爆炸危险。混合物的浓度低于爆炸下限，既不爆炸也不燃烧，因为空气量过多，可燃物过稀，反应不能进行下去。混合物浓度高于爆炸上限时，不会爆炸，但能够燃烧。

由于爆炸性混合物的爆炸与可燃性气体的混合燃烧的不同点仅在于爆炸是在瞬间完成的，故一般很难将可燃性混合物与爆炸性混合物加以严格区别，因此，这两个名词往往也就是指同一事物。同样的道理，爆炸极限与燃烧极限也很相似，一般来讲爆炸极限范围包含于燃烧极限范围之内，即爆炸下限与燃烧下限大体相同，而爆炸上限则比燃烧上限稍低。

几种易燃液体蒸汽在空气中的爆炸浓度极限（体积分数）为：车用汽油 1.58% ~ 6.48%；煤油 1.4% ~ 7.5%；苯 1.5% ~ 9.5%；酒精 3.3% ~ 19.0%。

因为液体的蒸汽浓度是在一定温度下形成的，所以可燃液体除了有爆炸浓度极限外，还有一个爆炸温度极限。可燃液体在一定温度下，由于蒸发而形成等于爆炸浓度极限的蒸汽浓度，这时的温度称为“爆炸温度极限”。对应于爆炸浓度的上、下限，相应地有爆炸温度极限的上、下限。

几种可燃液体的爆炸温度极限为：车用汽油 -36℃ ~ -7℃，煤油 45℃ ~ 86℃，甲苯 0℃ ~ 30℃，酒精 11℃ ~ 40℃。

需要注意的是车用汽油的爆炸温度极限为 -36℃ ~ -7℃，这个温度范围在北方的冬天是经常出现的，这表明汽油罐的爆炸危险性冬天要比夏天大；但是煤油罐在夏天则更易爆炸。

爆炸极限并不是一个固定值，它随着各种因素而变化，主要的影响因素有爆炸性混合物的原始温度、原始压力、容器的直径、混合物中惰性气体（氮、二氧化碳、水蒸气等）的含量、火源性质等。

第四节　石油生产安全事故

一、石油生产的特点

现代石油生产是由原油与天然气的地质勘探、钻井、试油、采油（气）、井下作业、集输、储运及工程建设等诸多生产环节构成的一个大的产业体系，其大部分工作在野外分散进行，相对来说环境条件和工作条件都较为恶劣。其生产条件与其他矿产体系有许多相似之处，但由于产品不同、生产方式各异，故又有许多有别于其他矿产体系的特点。从产品性质上看，它与化学工业属于同一个产业体系，它的产品就是石油化工的原料，而且随着生产的发展，油田地面工程及新发展起来的下游产业与石油化工在生产工艺上的相似之处也越来越多。因此可以认为，石油开发是一个介于矿产体系与石油化学工业之间的产业体系。其生产上的特点大体上可从下述 3 个方面反映出来。

（一）生产方式

石油开发生产中，地质勘探、钻井、试油、采油（气）、井下作业及工程建设等都是野外分散作业，体力劳动强度大，工作条件差，环境条件一般比较恶劣，经常受到自然灾害的侵扰。因此，事故发生频率较高，并时有重大恶性事故发生，而且往往由于救援不及时致使伤亡扩大、灾害蔓延。油气集输与加工处理、油气储运及下游产业又与石油化工生产极为相似，其特点是技术密集、工艺流程长、自动化程度高，并要求密闭和连续性长周期运转。所以，对人、机、环境之间的协调有很高的要求，并需要用现代生产管理的方法来保证生产的安全正常进行。否则，一旦发生事故，就很可能在一瞬间蔓延扩大，从而造成严重后果。

（二）产品

石油工业的上游产品主要是原油、天然气及液化石油气和少量的天然汽油。这些产品都具有很大的致害能力，易燃、易爆、易蒸发泄漏、易于聚积静电，而且处理量又很大，极易发生严重的火灾爆炸事故。这些产品还具有一定的毒性，如果大量泄漏或不合理排放，将会使人、畜及生物中毒，并污染环境形成公害。

（三）生产工艺

石油工业的生产结构决定了其生产工艺的多样性，而且某些生产工艺还带有较大的危险性。例如，地震勘探及射孔要用炸药和雷管，测井要使用放射性元素，钻井过程中会发生机械事故、井喷及井陷，采油（气）作业可能发生油气泄漏和机械事故，修井时可能发生井喷事故等。

油气集输与初步加工处理不仅是在密闭状态下连续进行的，而且还有天然气压缩、高压储存、低温深冷分离、脱硫及原油电化学处理等技术难度较大，同时也具有较大危险性的生产工艺。

在油气储运工程中，长输管道的生产工艺虽较简单，但由于输送量大、连续性强、线长站多，而且输送的又是易燃易爆易泄漏的原油或天然气，故其危险性也是较大的；至于油库和气库，由于大容积的储罐高度集中，油气收发作业频繁，是一个高危险性作业场所，而且一旦发生事故其后果严重。

石油工业的工程施工，多采用多工种立体交叉式的作业方式，加之使用的重型机械较多，也较为集中，所以人身伤亡和设备事故的发生频率较高。此外，石油工业生产中使用的机器、设备及原材料等，数量大、品种杂，这就给安全使用、管理带来了一定的困难，从而造成事故隐患，甚至成为事故的激发因素。

除了以上所述的国内外石油工业生产的共同特点之外，我国石油工业还有一些独有的特点，即油田的社会化。我国大多数油田都采取了以油田为中心，工农业相结合，集生产、生活于一体的结构形 式，形成了一些配套齐全的石油城市。因此，在我国石油工业系统中还存在着生活领域及生存环境中的安全和环境问题。

二、石油生产中的常见伤亡事故

（一）机械事故

机械性事故是指由于机械性外力的作用而造成的事故，一般表现为人员伤亡或机械损坏，油气生产过程中所使用的机械设备多数是重型或大容量的，而且常在重载、高速高压或高温等条件下工作，机械化、自动化程度也比较高。这些机械与设备需要使用大量的各种规格、不同性质的金属材料来制造，并由很多零部件及辅助装置、控制元件等组装而成，一个微小的缺陷或在装配过程中未能消除的应力或故障，都将可能成为引发重大事故的隐患。因此，经常发生翻机、断轴、开裂、重物脱落等机械事故。与此同时，由于在生产过程中使用了大量的管道及各种阀件，从而致使泄漏、断裂等事故时有发生。被机械与设备生产、储存或输送的主要是易燃易爆的油气，因此，一个小的机械事故有时也会造成严重后果。

（二）火灾爆炸事故

常见的爆炸事故有锅炉、压力容器、管道的爆炸，切割或修补油气容器或输油管道时引起的爆炸，以及油气泄漏后引起的爆炸等。

石油在储存、运输等作业过程中，石油蒸汽不断向空气中逸散，称为挥发，石油生产中的“跑、冒、滴、漏”现象，称为泄漏，这两种现象不但会直接造成经济损失，而且还会导致火灾爆炸事故。

油气生产中的腐蚀性介质可以导致压力容器产生裂隙或穿孔，从而导致可燃性油气的泄漏。通常这些油气都处在一个温度较高的状态下，泄漏后极易燃烧。

防火是石油工业生产中十分重要的工作，必须采取切实可行的防火防爆措施，想办法让有可能发生火灾爆炸的区域达不到燃烧爆炸的条件，即使发生了失火，要能及时发现，保证在着火初期就将火势控制住，不致使其蔓延到其他的区域或设备；一旦发生火灾，要能及时熄灭或能控制灾害的影响范围，以降低危害，减少损失。

（三）电气事故

电气事故主要表现为人体接触或接近带电物体而造成的电击或电伤，以及电弧或电火花引发的爆炸事故和电气设备异常发热造成的烧毁设备、引起火灾等事故。石油工业生产中，介质的特殊性决定了在油气可能泄漏、聚集的场所，包括电动机、变压器的供电线路、各种调整控制设备、电气仪表、照明灯具及其他电气设备等电气设施，在运行及暂停过程中绝对不允许有电弧或电火花的产生，要做到整体设备设施的防火防爆。

（四）中毒事故

石油及蒸汽是有一定毒性的，当石油蒸汽或石油从口、鼻进入人的呼吸或消化系统时，人体器官受害将产生急性或慢性中毒。当空气中油气含量为 0.28% 时，人在该环境中经过 12 ~ 14 min 就会有头晕感；如含量达到 1.13% ~ 2.22%，将会使人难以支撑；含量更高时，则会使人立即晕倒，失去知觉，造成急性中毒。此时若不及时发现并抢救，则可能导致窒息死亡。若皮肤与石油接触，则会产生脱脂、干燥、裂口、皮炎或局部神经麻木等症状。

除了石油直接给人体造成伤害外，石油中所含的其他有毒物质或在炼化过程中产生的中间产物也对人有毒害作用，如硫化氢气体。含石油的污水排放还会给生态造成巨大的危害，污染饮用水，石油泄漏能造成海洋生物的大量死亡。石油在水面上将形成一层油膜，阻止大气中的空气溶解在水中，从而造成水体缺氧，导致水生动植物的窒息死亡，并影响水体的自净能力。

（五）雷电事故

雷电是大自然中静电放电现象，建（构）筑物、输电线路或变配电装备等设施及设备遭到雷电袭击时，会产生极高的电压和极大的电流，在其波及的范围内可造成设备或设施的损坏，导致火灾爆炸或人员的伤亡。若发生在油气装置上将造成更大的损失或伤亡。

综上所述，在油气生产的各个环节都应该做到“五防”，即防火、防爆、防静电、防泄漏与蒸发、防中毒与腐蚀。

三、石油生产中的重大生产事故

在石油工业生产中，凡是发生概率较高，同时比较难以控制和扑救，而且损失大、后果严重的事故，均可称为常见的重大事故。它们主要有井喷失控及其引发的着火、爆炸事故；油气储罐或输油管道着火、爆炸事故；油气泄漏及其引发的爆炸、着火事故 3 类。

上述几类事故一旦发生之后，之所以难以控制和扑救，并造成机毁人亡、污染环境的严重后果和较大的社会影响，是由它们所特有的生产工艺及专用设备，以及被生产、储存或输送的产品的特殊性决定的。

例如井喷失控引发着火、爆炸之后，由于高压油气流不断地大量外喷，促使火势迅速蔓延扩大，在井场上形成一片火海。在此情况下，即使油（气）井的控制装置没有遭到破坏，抢救人员也很难进入火场进行紧急处置；如果在事故发生时控制装置也同时遭到破坏，则更是难以修复或更换。因此，这种事故往往要延续几天或更长的时间才能得到有效控制和扑灭，而且在扑救过程中还常常会造成人员伤亡和设备损坏，并且要耗费大量的人力、物力和财力用于扑救与恢复生产。

又如原油储罐一旦发生火灾事故，油罐罐顶多数会先被爆炸产生的气浪掀开，使油罐成为一个敞口的着火容器，为石油的沸溢爆喷现象提供了条件，促使火势加剧。着火油罐产生的强辐射热或沸溢爆喷出来的油品，又可能引燃、引爆邻近的油罐或其他设施，从而使事故进一步扩大，波及周边。若油罐着火时罐体被炸开，罐区防火堤被冲垮或炸裂，则原油会大量外溢，不仅将扩大火区，还会对周边的生态环境造成污染。油罐着火之后，因火灾区域大、产生的热量多，所以控制和扑救都十分困难，造成人员伤亡与经济损失，并产生较大的社会影响。

第五节　石油生产安全管理

一、石油生产的安全管理

石油生产是高风险、高回报的行业，具有工程量大、投资额度高、建设周期长、技术难度高、涉及企业多、安全和环保风险大等特点。随着国民经济的快速发展，石油作为一个国家生存的支柱，已经成为国民经济活动的重要组成部分，在日常生活和社会发展中显得越来越重要。但传统的油气生产管理偏重于进度、投资与产出，对生产的安全管理相对较弱。

石油生产的安全管理是指对石油生产过程中存在的各种各样的风险事件进行识别、衡量、分析评价，并适时采取各种有效的方法进行处理，以保障生产过程的安全，并保证企业的经济利益免受损失的科学管理过程。管理措施一般包括安全知识教育、安全制度的建设和完善、减少和避免人的不安全行为的生产过程风险分析与风险管理、减少物的不安全状态的生产设施和安全设施管理，其目的是实现生产过程安全，保障生产效益的最大化。

我国安全管理行业从对安全文化的认识出发将安全管理归纳为“安全管理是人类在社会发展过程中，为维护安全而创造的各类物态产品及形成的意识领域的总和”。一个企业的安全管理是个人和集体的价值观、态度、能力和行为的综合体现。它取决于安全管理上的承诺、工作作风和熟练程度。“以人为本”是当前石油企业安全管理的核心理念，一切为了人的人本观念是安全管理的基本准则，“我要安全”的主动安全管理是安全管理的基本方法。将安全管理纳入企业经营战略，通过教育、宣传、奖惩、创建群体氛围等手段，真正实现从“要我安全”到“我要安全”的思想转变，变被动安全管理为主动安全管理，是一种创新的效益型、系统型、项目驱动型的安全管理方法。

安全管理内容包括安全理念、安全制度、安全行为和安全物质等多个方面。安全管理的实质是“以人为本”，充分调动员工的自觉性，从主观上消除事故隐患的存在和发生。通过安全管理的建设，确立所有成员共同遵守的安全核心价值观念和安全理念，通过开展相应的活动和组织机构的有意引导，培养和创造良好、健康积极的安全氛围，使安全生产与其他工作和谐统一，使安全管理工作有机融入日常工作程序中，使安全理念在生产全过程中得到有效贯彻、各项安全管理规定得到有效执行，同时使员工的安全素质得到提高，使其职业生涯从中受益。真正使安全管理转变为全员参与并转化为实际工作中的具体表现，将安全风险降至最低，和谐地实现安全生产，并为企业创造最大化的效益。

在安全管理中，充分调动员工的安全工作主动性，实现职工安全与健康的有效结合，减少设备、设施的损失，减少原材料的浪费，减少和预防职业病的发生，切实保护员工的身心健康。安全管理是生产顺利的保障，在管理中处于首要位置。没有安全就没有效益，很多实例已经充分证明了这个辩证的关系。

二、石油生产安全需要处理好的几个主要问题

在现代工业生产过程中，只要生产持续，安全与危险矛盾运动就不会终止，矛盾运动是永恒的。辩证地、系统地分析影响安全生产的主要因素和主要方面，探究主要危险危害因素产生、发展和消除的基本规律，是做好安全工作的重要基础。基于对石油工业生产中安全与危险矛盾的经验总结和科学认识，人们总结了安全管理的一些基本原则，即坚持以人为本的目标原则；全员参与、通力协作的原则；责、权、利相统一的原则；实事求是、注重实效的原则等。

石油工业在落实这些基本原则，进行生产安全管理的实践中，仍然存在安全科学认识水平不高、安全投入不足、重要部位安全技术措施不到位、安全管理制度和安全管理措施不落实、社会监督和政府监督作用弱等主要问题。

（一）安全科学认识与人的科学管理问题

生产过程中的不安全因素包括人的因素、物的因素和环境因素 3 个方面。其中，人的因素是最重要的，是影响安全与危险矛盾运动的主要因素。从好的一面讲，只要人在思想上重视安全生产，而且技术上又过硬，就有可能把事故消除于萌芽之中；退一步讲，即使事故发生了，但由于处理事故的人在思想上和技术上都有所准备，也就有可能化险为夷，无伤亡无损失地把事故排除，或是把事故造成的损失降至最低。但是，如果人的思想境界不高，工作马虎大意，技术上似懂非懂，遇事处理不当，甚至视而不见听之任之，则不仅小问题会酿成大事故，本来有可能排除的事故未能排除，而且本不应该发生的事故也会由之而发生。大量的统计数字表明，70% ~ 75% 的事故中人为过失是一个决定性因素。具体地讲，人的不安全因素大体上可归纳为下述 3 个方面。

1. 思想意识方面

认识不到“安全第一”在生产中的重大意义，表现为盲目追求产量或只顾生产、不顾安全；缺乏责任感和奉献精神，表现为工作马虎，不负责任，见困难就躲；缺少群体观念和职业道德，表现为只顾个人而忽视周围其他人及群体的安全；盲目乐观，表现为错误地认为过去没有发生过事故，今后也就不可能发生事故，安全工作可有可无；自以为是，表现为违反操作规程、违章作业、违章指挥或违反劳动纪律等。

2. 技术方面

技术不熟练，对有关的安全生产制度不熟悉，表现为不能及时发现事故隐患，操作不熟练甚至会误操作；缺乏处理事故的经验，表现为一旦发生事故则手忙脚乱，不知道应该怎样正确地排除故障；设计上或施工中出现技术性错误，表现为给生产留下隐患；检查或

检修中的技术错误，表现为不能及时发现并排除隐患，甚至造成新的隐患；不相信科学、不尊重科学，表现为遇事蛮干。

3. 心理或生理方面

过度疲劳或带病上岗，表现为精神不能集中，反应迟钝；醉酒上岗，表现为大脑失去控制能力，往往会出现下意识的行为；情绪波动和逆反心理，表现为该管的不管，甚至有意违反操作规程。

上述这些属于人的不安全因素，对于各个产业部门来说虽然是共同的，但我们应看到，石油工业生产的特殊性决定了其事故的多发性及后果的严重性，而事故的最后触发因素往往是人的错误行为，事故能否及时排除或得到控制的决定因素也是人。因此，与多数的其他产业部门相比，在石油工业安全生产方面人的因素占有更重要的地位，加强人的科学管理这一点绝对不容轻视。

（二）安全投入问题

安全投入的确定性和安全产出的不确定性，是安全工作的特殊矛盾。

一切安全工作的目的都是降低各种意外事故发生的概率，然而概率的降低程度却很难在短时间内给予正确的判断并得到社会的认同，这就造成了安全投入的确定性和安全产出的不确定性之间的矛盾。安全投入和产出的矛盾主要有以下两方面的表现：

1. 经济活动与安全活动的冲突

安全活动需要消耗经济费用，在以经济利益为尺度衡量一切行为的市场经济条件下，安全活动的投入产出比成了安全投资的重要决策依据。由于安全投入（指用于安全目的的投资）所能带来的直接安全产出（指安全费用所带来的直接效益）只是事故及其损失的可能性的降低，而不是“确实的”降低，因此许多人认为“安全活动是一项得不偿失的经济活动”“安全投入是违背经济利益原则的”。

正确的安全观认为：首先，安全投入的本质在于实现社会的、道德的和法律的责任，而其经济利益只是从属的。把经济利益作为唯一或首要标准，甚至将安全投入完全服务或服从于经济利益，是从根本上违背了安全活动的本意。其次，安全产出不但表现为各类事故直接损失的减少值，更包括事故间接损失的减少值（一般认为是直接损失的 5 倍左右），还应包括劳动效率的提高，企业的社会、精神、道德效益的获取等非经济的丰富内涵。忽视安全投入带来的巨大的、间接的及非经济的效益，以偏概全，是形而上学的认识论。因此，对安全投入的分析应采用“成本—效用”分析而不能采用“成本—效益”分析。

2. 安全工作和安全成果的矛盾

人们通过安全工作来降低意外事故发生的概率，但是这些工作一般不可能杜绝意外事故（尽管有这样的愿望），安全活动的成果一般表现为意外事故间隔的增加和损害程度的降低。

概率论认为，作为随机事件，意外事故不发生的间隔越长，其发生的可能性越大。因此许多人都有过这样的实践：意外事故往往在我们经过一段相对安全的时期，陶醉于安全成果之中的时候发生。事实一再证明，幻想通过一两次安全工作就能够杜绝事故是幼稚的。越是在“安全”的时候，越是要提高警惕预防事故，这不只是说教，更有其科学依据。

另外，当事故发生时，我们也不能简单地否定一切安全工作的成绩。只要事故发生的间隔在增加，事故的严重程度在减小，同类事故在下降，即使出现一两次事故，安全工作的成果也是明确的。

可以肯定地说，每个人都是追求自身安全的，但是每个人的愿望和追求都是多样的。我们追求利益的最大化，寻求发展机遇，但安全的软肋却无时无刻不拖着我们的后腿，我们必须对我们的投入重新做出平衡。我们每个人需要安全——长久的安全。但长久安全要求我们要在安全方面长期投入。

当前，全球化和产油国对上游储量资源的国有化，导致了国际石油市场的竞争更加激烈，驱使着跨国石油公司不断地以追求规模最大化、产业链无缝化、低成本扩张经营等模式作为企业的经营策略，并试图以此迅速形成市场竞争或垄断的撒手锏。因此，资本的逐利本性决定了石油公司追求利益最大化的冲动，市场经济如果在制度政策上有缺陷，企业就会趋利避害，把各种事故风险转嫁给社会。这是人类社会发展过程中的共性问题。企业如果没有安全经营边际，一味地压缩生产经营成本，特别是大量削减安全成本的支出，就必然会为生产埋下安全隐患，最终导致恶性事故频发。

因此，一方面，企业需要承担其社会责任，建立健全由高水平的质量标准、技术标准和管理标准所支撑的安全经营边界作为其安全生产经营的定海神针，将其安全投入嵌入其产品生产的各个环节之中。另一方面，政府应以杜绝发生重大伤害事故和灾难性环境事故作为立法、执法的终极目标，抓紧建立、健全有效的监管体系和监控制度，如工程工艺环节安全评估制度、安全经费专项审计制度等，切实承担起对企业生产安全的监管责任，监督企业的安全技术投入和足量的安全费用投入。

伴随着企业的快速发展、规模的逐渐扩大、产业链的不断延长，当前中国石油行业安全生产的压力也越来越大。中石油就曾表示：当前最需要解决的不是效益问题，也不是规模问题，而是科学发展问题，是可持续发展问题，是和谐发展问题，这当中关键是安全环保问题。

安全科学工作者需要牢固树立“安全第一”的理念，对安全生产工作的长期性、艰巨性和复杂性要有充分认识，在遇到安全与生产、安全与效益的矛盾时，一定要有以“人民安全为宗旨”的坚强决心，有为安全而牺牲暂时的和局部的部门利益，甚至牺牲自己利益的心理准备。我们要坚信：通过坚持不懈地贯彻落实安全生产规章制度，加大安全技术投入，不断改进安全生产技术设施，改善安全生产环境，加强安全生产管理，构建安全生产的长效机制，让查问题和除隐患成为每一个员工的自觉行动，形成良好的安全生产习惯和优良的安全文化氛围，在实践中不断探究事故的发生和发展规律，超前有效地预防事故的发生，就一定能实现生产过程的本质安全和社会的长治久安。

第二章　化工基础知识

第一节　化工热力学基础

一、物质的状态

气体、液体和固体是物质的三种主要聚集状态。其中气体和液体统称为流体，液体和固体统称为凝聚相。所谓“相”，指的是系统中具有完全相同的物理性质和化学组成的均匀部分。当系统中只有一个相，如气相、液相或固相，即称为单相系统，如有两个以上的相共存，则称为多相系统。物质的各种状态都有其特征，而且在一定条件下可以互相转化。物质的主要宏观性质有压力 p（单位为 Pa）、体积 V（单位为 m^3）、温度 T（热力学温度，单位为 K，或 t 摄氏温度，单位为℃）、密度 ρ（单位为 kg/m^3）等。

（一）气体

气体的基本特征是具有扩散性和压缩性。将气体引入任何容器，它的分子立即向各个方向扩散，均匀地充满整个容器。处于一定状态的气体，其 P 、V 、T 有一定的值和一定的关系，反映其间关系的方程称为状态方程。

1. 理想气体状态方程

分子之间无相互作用力、分子自身不占有体积的气体称为理想气体。理想气体的状态方程为

$$pV = nRT \tag{2-1}$$

式中：R 称为摩尔气体常数，其值为 $8.314\ J \cdot mol^{-1} \cdot K^{-1}$。$T$ 与 t 的关系为

$$T = t + 273.15$$

事实上真正的理想气体并不存在，只能看作是真实气体在压力趋于零时的极限情况。通常，当压力不太大、温度不太低时，可将实际气体作为理想气体处理。

2. 理想气体混合物

（1）混合物的组成

较常用的混合物组成的表示方法如下：

①摩尔分数 x_i（或 y_i）。

$$x_i \overset{\text{def}}{=} \frac{n_i}{\sum_i n_i} = \frac{n_i}{n} \tag{2-2}$$

②质量分数 w_i。

$$w_i \overset{\text{def}}{=} \frac{m_i}{\sum_i m_i} = \frac{m_i}{m} \tag{2-3}$$

③体积分数 φ_i。

$$\varphi_i \overset{\text{def}}{=} \frac{V_i}{\sum_i V_i} = \frac{V_i}{V} \tag{2-4}$$

（2）道尔顿（Dalton）分压定律

理想气体混合物中某一组分的分压化为该组分在同温度、同体积条件下单独存在时所具有的压力，混合物的总压等于各组分在同温度、同体积条件下的分压之和。即

$$p_i = \frac{n_i RT}{V}$$

$$\frac{p_i}{p} = \frac{n_i}{n} = x_i$$

$$p = \sum_i p_i = p_1 + p_2 + p_3 + \cdots \tag{2-5}$$

（3）阿马格（Amagat）分体积定律

理想气体混合物的总体积等于各组分 i 在同温度和总压 p 下所占有的体积 V_i 之和。即

$$V = \sum_i V_i \text{ 或 } \frac{V_i}{V} = \frac{n_i}{n} = x_i \tag{2-6}$$

（二）液体

液体无固定形状，在一定条件下具有一定体积。液体分子间的距离比气体小得多，其粒子之间的作用非常明显，液体分子既不像气体分子那样呈现自由运动状态，也不像固体分子那样呈现规则的排列。因此液体不能像气体那样被高度压缩或充分膨胀，工程上常将液体作为不可压缩流体处理。

1. 液体的饱和蒸汽压和沸点

在密闭容器中，当温度一定时，某一物质的气态和液态可达成一种动态平衡，即液体蒸发与气体凝聚的速率相等，我们把这种状态称为气—液平衡。此时的蒸汽为饱和蒸汽、液体为饱和液体，饱和蒸汽对应的压力称为该液体在该温度时的饱和蒸汽压。当饱和蒸汽压等于外界压力时，液体就沸腾，这时的温度称为沸点。外压为 101.3 kPa 时的沸点称为正常沸点。外压降低，沸点也随之下降。例如，水在海平面上（压力为 101.3 kPa）的沸点为 373 K，而在青藏高原上，随着海拔的升高，气压不断下降，水的沸点也不断降低，

因此煮不熟鸡蛋和米饭，必须改用加压锅才行。饱和蒸汽压是物质自身的性质，其数值随温度的变化而变化。各种物质在不同温度下的饱和蒸汽压可在相关手册中查到。

2. 溶液

一种物质以分子或离子的形态分散在另一种物质（通常是液体）中形成的均匀而稳定的体系称为溶液。将溶液中量少的物质称为溶质，量多的物质称为溶剂。溶液的性质与纯溶剂不同，通常表现在溶液的蒸汽压、沸点和凝固点上。

（三）临界状态

液体的饱和蒸汽压随着温度的升高而增大，也就是说，温度越高，要使气体液化所需的压力越大，但这不是无止境的。每种液体都有一个特殊温度，在这个温度之上，无论用多大压力都无法将气体液化，这个温度称为临界温度（critical temperature），用 T_c 表示。对应的饱和蒸汽压称为临界压力，用 p_c 表示；对应的摩尔体积称为临界摩尔体积，用 $V_{m\cdot c}$ 表示。这时系统所处的状态称为临界状态

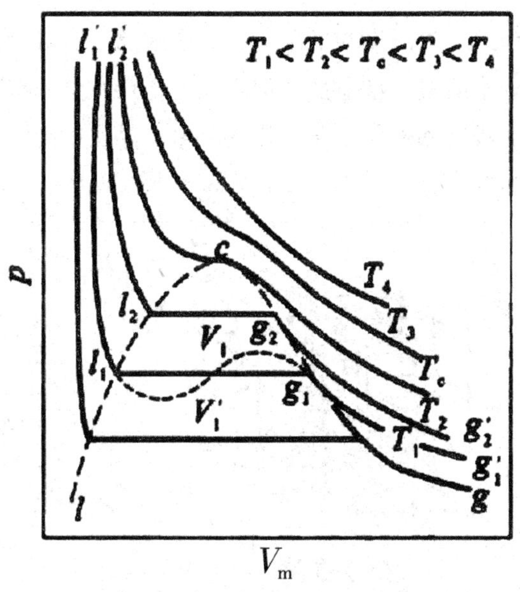

图 2-1 真实气体 $p-V_m$ 示意图

图 2-1 是真实气体的 $p-V_m$ 示意图。图上每一条曲线都是等温线。温度和压力略高于临界点 c 的状态称为超临界状态，这时物质的气态与液态混为一体，其摩尔体积相同，它既不是气体，也不是液体，称为超临界流体。超临界流体既具有液体的密度，又具有气体的扩散能力，这些重要的特性促进了一种新兴技术的发展，即超临界流体萃取技术。例如，用来萃取水溶液中的有机物；从植物及种子中萃取芳香油、食用油和其他有效成分；从高分子混合物中萃取残留单体等。

（四）固体

固体不仅具有一定体积，而且还具有一定形状。组成固体的粒子（离子、原子或分子等）之间存在着强大的结合力，使固体表现出一定程度的坚实性（刚性），能够抵抗加在它上面的外力。与气体、液体不一样，组成固体的粒子不容易自由移动。在固体内的这些粒子可在一定的位置上做热振动。温度越高，这种振动越激烈。在一定的温度下，固体可以变为液体，这种现象称为熔化。有的物质在未达到熔化温度时就已经分解了，这种物质在一般情况下不能变为液体。常见的固体分为晶体和非晶体。自然界的固体多数是晶体。

1. 晶体

晶体的特点如下：①晶体具有一定的几何外形。例如食盐结晶成立方体，明矾结晶成八面体。②晶体具有固定的熔点。晶体在一定的温度下转变为液体，这个温度称为晶体的熔点。熔点是晶体与液体成平衡时的温度，因此也称为液体的凝固点（对水来说，称为冰点）。③晶体具有各向异性。例如，光学性质、导热性质、溶解作用等从晶体的不同方向测定时，是各不相同的。

晶体的内部结构表现为组成物质微粒的原子、分子或离子有规则地排列，称为晶体结构。将组成晶体的原子、分子或离子抽象成几何点，这些点在空间有规则地排列，形成空间点阵，将这些点相连，形成空间网状格子，称为晶格。晶格中能反映的晶体结构的最小重复单位称为晶胞，如图 2-2 所示。

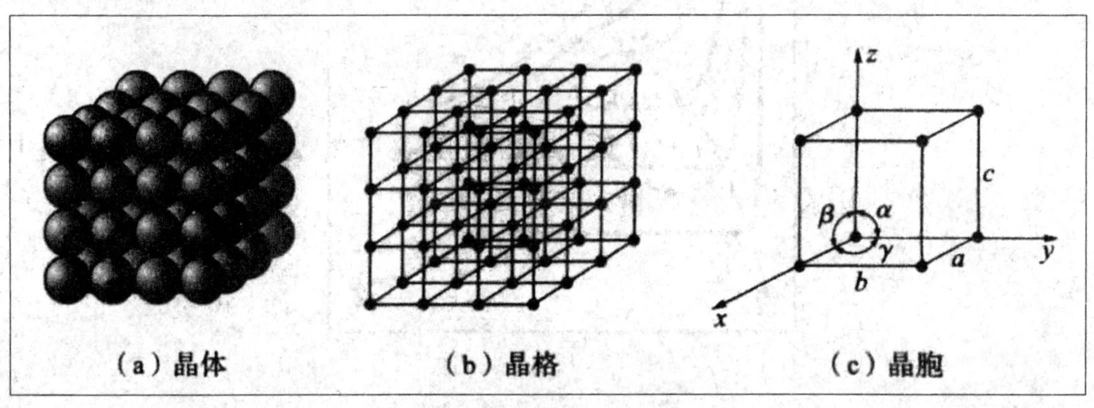

图 2–2　晶体的内部结构示意图

2. 非晶体

非晶体结构中微粒的空间排列是无序的，因此具有各向同性，其外观也没有一定形状。非晶体没有固定的熔点，被加热时会慢慢变软，一直到最后成为可流动的液体。典型的非晶体有玻璃体（玻璃、松香、动物胶和树脂等）、非晶态合金（金属玻璃）、非晶态半导体和非晶态高分子化合物等。

二、热力学第一定律

热力学主要研究化学过程及与其密切相关的物理过程中的能量转换关系；判断在某条件下，指定的热力学过程变化的方向及可能达到的最大限度。热力学研究的是对象的宏观性质，不考虑时间因素，也不研究反应速率和变化的具体过程。

（一）基本概念

1. 系统和环境

把要研究的对象与其余的部分分开，这种分隔的界面可以是实际的，也可以是想象的。这种被划定的研究对象称为系统（system），系统以外的物质和空间则称为环境（surroundings）。

根据系统与环境之间在物质与能量方面的交换情况，可将系统分为三类。

（1）孤立系统（isolated system）

系统与环境之间既无物质交换，又无能量交换。孤立系统也称为隔离系统。严格的孤立系统是没有的。

（2）封闭系统（closed system）

系统与环境之间无物质交换，但有能量交换（如热或功的传递等）。封闭系统是热力学中研究最多的系统，若不特别说明，一般都是指封闭系统。

（3）敞开系统（open system）

系统与环境之间既有物质交换，又有能量交换。

2. 热力学平衡状态

当系统的各种性质不再随时间而改变，就称系统处于热力学平衡状态（thermodynamic equilibrium）。这时系统必须同时具有如下几个平衡：

（1）热平衡

系统的各部分温度均相同。

（2）力平衡

系统各部分的压力相等。如果系统中有一刚性壁存在，即使双方压力不等，也能维持力学平衡。

（3）相平衡

一个多相系统达到平衡后，各相间无物质的净转移，各相的组成和数量不随时间而改变。相平衡是一种动态平衡。

（4）化学平衡

化学反应系统达到平衡后，宏观上反应物和产物的量及组成不再随时间而改变。化学平衡也是一种动态平衡。

3. 状态和状态函数

系统一切性质的总和称为状态。状态发生变化，系统的性质也发生相应的变化，变化值只取决于系统的始、终态，而与变化途径无关。具有这种性质的物理量称为状态函数（state function）。压力、体积、温度和物质的量是可以直接观察和测量的 4 个基本状态函数。

4. 过程和途径

在一定的条件下，系统发生了一个由始态到终态的变化，称为发生了一个过程。常见的过程有等温等压等容、绝热过程及环状过程、相变过程和化学变化过程等。完成这个变化所经历的具体方式（或步骤）称为途径。

5. 热、功和热力学能

（1）系统与环境之间由于温度不同而交换的能量称为热，用符号 Q 表示，单位为 kJ。系统吸热，$Q>0$；系统放热，$Q<0$。热不是状态函数，计算热时，一定要与途径相联系。

（2）除热以外，系统和环境之间传递的其他各种能量都称为功，用符号 W 表示，单位为 kJ。系统对环境做功，$W<0$；系统从环境得到功，$W>0$。功也不是状态函数，计算功时一定要与途径相联系。常见的功有体积功、机械功、界面功和电功等。

（3）热力学能（也称内能）是系统内分子的平动能、转动能、振动能、电子和核的能量，以及分子间相互作用的势能等能量的总和，用符号 U 表示，单位为 kJ。在绝热条件下，热力学能的改变量等于绝热过程中的功。热力学能的绝对值无法测定，只能测定其变化值，即 $\Delta U=U_{终}-U_{始}$。热力学能是状态函数，数学上具有全微分的性质。

（二）热力学第一定律

热力学第一定律是能量守恒定律在热现象领域内所具有的特殊形式。热力学第一定律表明：能量可以从一种形式变为另外一种形式，但转化过程中能量的总和不变。它的数学表达式为

$$\Delta U=Q+W$$

或

$$dU=\delta Q+\delta W \tag{2-7}$$

第一定律也可表述为：第一类永动机是不可能制造的。

三、热效应

（一）基本概念

1. 等容热

系统在变化过程中保持体积不变，与环境交换的热量称为等容热，用 Q_V 表示。在不做非膨胀功的等容过程中 $W=0$，热力学能的变化值等于等容热，即 $\Delta U=Q_V$。

2. 等压热

系统在变化过程中保持压力不变，与环境交换的热量称为等压热，以 Q_p 表示。在不做非膨胀功的等容过程中 $W=0$，热力学能的变化值等于等压热，即 $\Delta U=Q_p$。

3. 焓

焓是根据需要定义的函数，$H\overset{\text{def}}{=}U+pV$。从定义式可知，焓是状态函数，其绝对值无法测定，其单位为 kJ。在等压、不做非膨胀功的过程中，焓的变化值等于等压热，即 $\Delta H=H_2-H_1=Q_p$，这就是定义焓的意义。

4. 热容

对于稳定的热力学均相封闭系统，系统升高单位热力学温度时，所吸收的热称为系统的热容。热容与系统所含物质的数量及升温的条件有关，于是有比热容和摩尔热容等不同的热容。热容是温度的函数，但通常在温度区间不大时，可近似认为是常数。

（二）相变热

系统中的同一物质，在不同相之间的转移称为相变，如蒸发、冷凝、结晶、熔化、升华、晶形转变等。伴随相变所产生的热效应，称为相变热（相变焓）。由于相变一般是在等温等压下进行，因此相变热就是相变时焓的变化值。通常物质呈气、液、固三种状态。所以，液态变成气态所吸的热称为蒸发热；固态变成液态所吸的热称为熔化热；固态变成气态所吸的热称为升华热。相变热是物质的特性，随温度而变。

（三）化学反应热

对于不做非膨胀功的化学反应系统，在反应物与产物的温度相等的条件下，系统吸收或放出的热称为化学反应热。在等压过程中测定的热效应称为等压热，即 Q_p，大多数化学反应热是在等压条件下测定的。在等容过程中测定的热效应称为等容热，即 Q_V。两者的关系为

$$Q_p=Q_V+p\Delta V \tag{2-8}$$

对气相反应，如果气体都是理想气体，忽略凝聚态的体积变化，则

$$Q_p=Q_V+\Delta nRT$$

或

$$\Delta_r H=\Delta_r U+\Delta nRT \tag{2-9}$$

式中：下标“r”表示反应；“Δn”表示化学计量方程中产物和反应物中气体物质的量总数之差。

（四）溶解热

在等温等压下，一定量溶质溶于一定量溶剂中所产生的热效应，称为该物质的溶解热。例如，硫酸溶于水时，会放出大量的热；而硝酸溶于水时，会吸收热。由于溶解是在等压

下进行的，所以溶解热也就是溶解过程的焓变，用$\Delta_{sol}H$表示。显然，溶解热与溶质和溶剂的量有关。类似的还有稀释热，用$\Delta_{dil}H$表示；混合热，用$\Delta_{mix}H$表示等。

第二节　化学反应规律与化学反应器

一、化学平衡

在工业生产中，人们总希望一定数量的原料能变成更多的产物，但在指定的条件下，一个化学反应向什么方向进行？理论上反应可获得的最大产率是多少？此最大产率怎样随条件变化？在什么条件下能得到最大产率？这些都是科学实验和工业生产中十分关心的问题。从热力学上看，这些都属于化学平衡问题。本节将介绍在一定的条件下化学反应究竟向哪个方向进行，什么时候达到平衡，怎样控制温度、压力等反应条件，使反应按人们所需要的方向进行等内容。

（一）基本概念

1. 可逆反应

所有的化学反应都既可以正向进行，也可以逆向进行，这种现象称为反应的可逆性。但是有的反应逆向进行程度极小，与正向进行程度相比可以忽略不计，通常称这种反应为单向反应。例如，氢与氧的反应，按物质的量之比为 2 ∶ 1 的混合物经爆鸣反应之后，几乎检测不到有剩余的氢气和氧气，就认为反应是“进行到底了”。也有的化学反应正向和逆向反应都比较明显。例如，氢与氮生成氨的反应，到达平衡时还有相当多的氢和氮没有作用，这类反应称为可逆反应。本节提到的化学反应系统，都是指不做非膨胀功的封闭系统。

所有的化学平衡都是动态平衡。在一定条件下，当正向和逆向两个反应速率相等时，就说反应系统达到了平衡。从宏观上看，参与反应各物质的量不再随时间而改变，似乎反应停止了，但从微观角度看，正、逆反应都在不断进行，仅是两者的速率相等而已。

某可逆反应在一定条件下的化学平衡即该反应所能进行的最大程度，此时的产率即理论上反应可获得的最大产率。

2. 化学反应的平衡常数

对任意一可逆反应

$$aA + bB \rightleftharpoons cC + dD$$

当反应达到平衡时$\frac{c_C^c c_D^d}{c_A^a c_B^b}$是一常数，这个常数称为化学平衡常数，用$K_c$表示，即

$$K_c = \frac{c_C^c c_D^d}{c_A^a c_B^b} \tag{2-10}$$

化学平衡常数仅与温度有关，与反应物或产物的起始浓度无关，与反应物的配比、反应是从哪一边开始也没有关系。

化学平衡常数反映了一个化学反应在一定条件下进行的最大限度。对同一类化学反应，K_c 越大，意味着反应进行的程度越大。

如果参加反应的各物质都是气体，可以用参加反应的各气体的分压来表示化学反应的平衡常数。对气体参加的反应

$$a\mathrm{A(g)}+b\mathrm{B(g)}\rightleftharpoons c\mathrm{C(g)}+d\mathrm{D(g)}$$

则平衡常数可以表示为

$$K_p=\frac{p_{\mathrm{C}}^{c}p_{\mathrm{D}}^{d}}{p_{\mathrm{A}}^{a}p_{\mathrm{B}}^{b}} \quad (2\text{-}11)$$

式中：K_p 称为压力平衡常数。相应的 K_c 也称为浓度平衡常数。两个平衡常数都属于实验平衡常数。对理想气体，若平衡时各物质的分压是 p_i，则满足 $p_iV=n_iR'$，所以 $p_i=c_iRT$ 。从而有

$$K_p=K_c(RT)^{\Delta\nu} \quad (2\text{-}12)$$

式中：$\Delta\nu$ 是化学计量方程中产物与反应物的化学计量数之差。

平衡常数与化学反应方程式的书写方式有关，即平衡常数与特定的化学反应方程式相对应。当同一反应用不同的化学计量方程表示时，如反应物的量是原来的 n 倍，则 K_c 变为 K_c^n 。逆反应的平衡常数与正反应的平衡常数互为倒数。

3. 多重平衡规则

平衡常数可以通过实验测定，也可以通过热力学理论计算得到。实际应用中还可以通过已知化学反应的平衡常数来计算未知化学反应的平衡常数。

当几个化学反应式相加（或相减）得到另一个化学反应式时，其平衡常数等于几个反应式的平衡常数的乘积（或商）。这就是多重平衡规则。

4. 平衡转化率

反应系统达到平衡时，反应物转化为产物的百分率称为平衡转化率，用 ε 表示。

ε =（平衡时某反应物转化为产物的量 / 反应开始时该物质的总量）× 100%　（2-13）

若反应前后体积不变，平衡转化率又可表示为

ε =（平衡时某反应物浓度的减少值 / 反应开始时该物质的浓度）× 100%　（2-14）

平衡转化率即理论上的最高转化率。延长反应时间或加入催化剂，都不能超过这个极大值。工业生产中的化学反应不可能达到平衡，所以实际转化率通常是指已转化的反应物与投入的反应物之比。

（二）影响化学平衡的因素

影响化学平衡的因素较多，如改变温度、改变压力、添加惰性气体、改变催化剂等，都有可能使已经达到平衡的反应系统发生移动，从原来的平衡移动到新的条件下达成新的平衡。

1. 温度对化学平衡的影响

温度对化学平衡的影响最显著。其影响程度可由范特霍夫（Van't Hoff）方程确定。

$$\frac{\mathrm{d}(\ln K)}{\mathrm{d}T}=\frac{\Delta_{\mathrm{r}}H_{\mathrm{m}}^{\ominus}(298.15\mathrm{K})}{RT^2} \tag{2-15}$$

升高温度，化学平衡将向吸热方向移动，即对吸热反应有利，而对放热反应不利；降低温度，平衡将向放热方向移动。例如合成氨反应：

$$N_2(g)+3H_2(g)\rightleftharpoons 2NH_3(g) \qquad \Delta_{\mathrm{r}}H_{\mathrm{m}}^{\ominus}(298.15\mathrm{K})=-92.22\mathrm{kJ\cdot mol^{-1}}$$

正反应是放热反应，$\Delta_{\mathrm{r}}H_{\mathrm{m}}^{\ominus}(298.15\mathrm{K})<0$，因此，温度升高时，$K$ 减小，平衡不利于向生成产物的方向移动；但温度过低又将影响化学反应速率。

此外，可以根据范特霍夫方程的积分式计算不同温度下的平衡常数的值和求反应的焓变，或已知 $\Delta_{\mathrm{r}}H_{\mathrm{m}}^{\ominus}(298.15\mathrm{K})$，从一个温度下的平衡常数求出另一温度下的平衡常数。

2. 压力对化学平衡的影响

范特霍夫方程表明平衡常数仅是温度的函数，所以改变压力对平衡常数没有影响，但会改变平衡的组成。由于凝聚相体积受压力影响极小，通常忽略压力对液相和固相反应平衡组成的影响。增加压力，对气体分子数增加的反应不利，而对气体分子数减少的反应有利。

例如合成氨的反应：$N_2(g)+3H_2(g)\rightleftharpoons 2NH_3(g)$，由于反应之后气体分子数较反应之前少，因此，增大体系的总压力将有利于平衡向生成氨的方向移动。合成氨反应常在几百个大气压下进行，一方面是为了增大反应的速率；另一方面，在系统总压力很大的情况之下，平衡混合物中氨的含量比较高。因此，从化学平衡的角度来看，增大压力可以提高生产能力。

3. 浓度对化学平衡的影响

在其他条件不变的情况下，增大反应物浓度或减小产物浓度，平衡将向有利于生成产物的方向移动。此规律常常用在实际生产中。

例如在硫酸生产中，存在着可逆反应：$2SO_2(g)+O_2(g)\rightleftharpoons 2SO_3(g)$，为了使成本较高的 SO_2 尽可能地反应完全，常使氧气（空气中的氧）过量。反应计量方程：ν_{SO_2} ：ν_{O_2} = 1 ：0.5，但在实际生产中采用的是 ν_{SO_2} ：ν_{O_2} = 1 ：1.6。

4. 惰性气体对化学平衡的影响

惰性气体不影响平衡常数，只影响平衡系统的组成。加入惰性气体对气体分子数增加的反应有利，相当于起了稀释、降压的作用，而对气体分子数减少的反应不利。

在实际化工生产中，原料气中常混有不参加反应的气体，如在SO_2转化为SO_3的反应中，需要的是O_2，但为了降低成本常通入空气，空气中的N_2、Ar_2等就成了惰性气体。

二、化学反应动力学

化学反应动力学主要研究化学反应速率和机理，以及各种因素对反应速率的影响规律。

影响反应速率的因素大致有三类：一是反应物、产物、催化剂及其他物质的浓度；二是系统的温度和压力；三是光、电、磁等外场。

实验室和工业生产中，化学反应一般都是在反应器中进行的，反应速率直接决定着一定尺寸的反应器在一定时间内所能达到的收率或产量。生物界的反应在器官乃至细胞中进行，它们也可看作反应器，反应速率影响着营养物质的转化和吸收及生物体的新陈代谢。对于大气和地壳，反应在更大规模的空间内进行，反应速率关系着臭氧层破坏、酸雨产生、废物降解、矿物形成等生态环境和资源的重大问题。化学反应动力学研究对于上述广泛领域有着重要意义。

（一）基本概念

1. 基元反应和复合反应

（1）基元反应

由反应物一步生成产物的反应，没有可由宏观实验方法探测到的中间产物。

（2）复合反应

由两个以上基元反应组合而成的反应，也称为非基元反应或复杂反应。

（3）反应机理

基元反应组合的方式或先后次序。

自然界和实验室中观察到的化学反应绝大多数是复合反应。例如，过去长期认为H_2和I_2反应生成 HI 是基元反应，现在已知道它是由下列几个基元反应组合而成的复合反应。

$$I_2 \Longrightarrow 2I\cdot,\ I\cdot+H_2 \longrightarrow HI+H\cdot,\ H\cdot+I_2 \longrightarrow HI+I\cdot$$

原则上，如果知道基元反应的速率，又知道反应机理，应能预测复合反应的速率。反应机理通常要由动力学实验、非动力学实验（如分离或检测中间产物），再结合理论分析来综合判断。目前，多数反应机理还只是合理的假设。

2. 宏观反应动力学和微观反应动力学

化学反应动力学根据在宏观或在微观水平上研究，分为两个分支。

（1）宏观反应动力学

宏观反应动力学指综合考虑传递现象和化学反应的动力学。它常用于工程研究和实际生产。

（2）微观反应动力学

微观反应动力学也称为本征反应动力学。它不考虑传递现象，只从影响反应本身的变量（如浓度、温度、压力等）出发，研究基元反应和复合反应的速率规律。

3. 化学反应速率的表示方法

化学反应总是在一定的时间间隔和一定大小的空间中进行，所需时间的长短度量了反应的快慢，所占空间的大小决定了反应的规模。通常定义化学反应速率为单位时间单位反应区的反应量，即

$$r=\frac{1}{\nu_{\mathrm{B}}V}\frac{\mathrm{d}n_{\mathrm{B}}}{\mathrm{d}t} \tag{2-16}$$

单位反应区可以采用单位反应体积（如均相反应）或单位反应系统的量（如催化剂的质量）等表示，视使用方便而定。反应量通常采用摩尔或分压等单位，可以是任一反应组分或任一反应产物的量。所以，研究反应速率时，只需讨论某一组分反应速率的变化，由于其他各组分的反应量都受到化学反应计量式的约束，其他组分的反应速率则不难从化学计量方程中获得。

例如，若化学计量方程为

$$a\mathrm{A}+b\mathrm{B}=c\mathrm{C}+d\mathrm{D}$$

则必有

$$\frac{-r_{\mathrm{A}}}{a}=\frac{-r_{\mathrm{B}}}{b}=\frac{r_{\mathrm{C}}}{c}=\frac{r_{\mathrm{D}}}{d} \tag{2-17}$$

由于反应过程中反应物逐渐减少，产物逐渐增加，为保持反应速率恒为正值，故反应物的反应速率取负值，表示消耗的速率，反应产物的反应速率取正值，表示生成的速率。

（二）化学反应速率方程

化学反应速率方程，又称动力学方程。广义上，它是定量描述各种因素对反应速率影响的数学方程；狭义上，它是在其他因素固定不变的条件下，定量描述各种物质的浓度和温度对反应速率影响的数学方程。对均相反应，反应速率方程可表示为

$$r_{\mathrm{B}}=f(c，T) \tag{2-18}$$

式中：r_{B} 为组分 B 的反应速率；c 为参与反应过程的浓度向量；T 为反应温度。

到目前为止，反应动力学规律仍然必须由实验测定。

1. 反应分子数和质量作用定律

在基元反应中，反应物分子数之和称为反应分子数，其数值为 1、2 或 3。

基元反应的速率与各反应物浓度的幕乘积成正比，其中各浓度项的幕指数即化学计量方程中各物质的化学计量数，这就是质量作用定律，它只适用于基元反应。

2. 基元反应速率方程

根据质量作用定律可以直接写出基元反应的速率方程，例如：

单分子反应：$A \longrightarrow P$，$r = kc_A$

双分子反应：$2A \longrightarrow P$，$r = kc_A^2$

$A + B \longrightarrow P$，$r = kc_A c_B$

式中的比例系数 k 称为速率常数，数值上相当于各反应物浓度均为 1 mol · m^{-3} 时的反应速率，是反应的特性指标，并随温度而变。在定温下，速率常数为定值，与反应物浓度无关。反应速率的单位为（mol · m^{-3}）$^{1-n}$•s^{-1}，即反应分子数。上述反应如果是气相反应，浓度还可以用分压表示。

3. 复合反应速率方程

通常根据实验得出复合反应经验的速率方程。如果知道反应机理，也可根据相应基元反应的速率方程，导出复合反应的理论速率方程。经验表明，许多化学反应的速率与反应中的各物质的浓度之间的关系可表示为下列幂函数形式：

$$r = kc_A^a c_B^\beta c_C^\gamma \cdots \tag{2-19}$$

式中：A，B，C 等一般为反应物或催化剂，也可以是产物或其他物质；指数分别为反应速率对 A，B，C 等的级数，表示物质 A，B，C 等的浓度对反应速率的影响程度，称为分级数。分级数可以是整数、分数，也可以是负数。负数表示该物质对反应起阻碍作用。

各分级数之和称为反应级数，以 n 表示。$n = \alpha + \beta + \gamma + \cdots\cdots$，相应反应称为 n 级反应。如果化学反应不具有形如式（2-19）的速率方程，则称该反应无级数或级数无意义。

（三）反应速率的浓度效应

反应速率的浓度效应是通过反应级数来体现的。级数越大，浓度对反应速率的影响越大。实际上许多反应的进行过程未必就简单地按化学式计量方程进行。因为化学计量方程只表达了反应的总结果。

在理解反应速率的浓度效应时要特别注意以下两点：

（1）反应级数不同于反应的分子数，前者是在动力学意义上讲的，后者是在计量化学意义上讲的。

（2）反应级数的高低并不能直接决定反应速率的快慢。反应级数只表示反应速率对浓度的敏感度。级数越高，浓度对反应速率的影响越大。

（四）反应速率的温度效应

通常温度对反应速率的影响比浓度大得多。1884 年荷兰人范特霍夫总结了大量实验数据，提出了反应速率与温度之间的经验规则：对一般反应，在压力和浓度相同的情况下，温度每升高 10℃，反应速率为原来的 2 ~ 4 倍。

范特霍夫规则过于粗略。1889 年瑞典人阿伦尼乌斯根据大量实验数据总结出以下经验公式：

$$k = A\exp\left(-\frac{E_a}{RT}\right) \tag{2-20}$$

微分式

$$\frac{d(\ln k)}{dT}=\frac{E_a}{RT^2}$$

对数式

$$\ln k=-\frac{E_a}{RT}+\ln A \quad (2\text{-}21)$$

式中：k 为反应速率常数；A 为指前因子，又称频率因子，为给定反应的特征常数；E_a 为活化能，单位为 $kJ\cdot mol^{-1}$；R 为摩尔气体常数。

公式中的活化能 E_a 是一个重要参数。众所周知，反应物分子间相互碰撞是发生化学反应的前提，并且只有已被“激发”的反应物分子——活化分子的碰撞才有可能奏效，使反应物分子“激发”所需的能量即活化能，这就是活化能的物理意义。

“激发”态的活化分子进行反应，转变成产物，产物分子的能量水平或者比反应物分子高，或者比其低，而反应物分子和产物分子间的能量水平的差值即反应热。它与活化能是两个不同的概念。因此在理解反应的重要特征——活化能 E_a 时，应当注意以下几点：

（1）活化能的大小表征化学反应进行的难易程度。活化能高，反应难以进行；反之亦然。但是活化能不是决定反应难易的唯一因素，它与指前因子 A 共同决定反应的难易。

（2）活化能不能直接预示反应速率的大小，只是反应速率对反应温度敏感程度的一种度量。活化能越大，温度对反应速率的影响越显著。

（3）活化能不同于反应的热效应，它并不表示反应过程中吸收或放出的热量，而只表示使反应分子达到活化态所需的能量，与反应热效应并无直接的关系。但由范特霍夫方程可知，对吸热反应，升高温度使平衡常数增大，有利于提高正向反应的速率，这与动力学中温度对速率的影响是一致的。对放热反应，升高温度会使平衡常数减小，不利于正向反应，这与动力学分析相矛盾。在工业上，确定反应温度时，首先要保证反应速率。

活化能主要通过实验测定。获得实验数据后，利用式（2-21）计算获得。

（五）催化剂对反应速率的影响

为提高一个化学反应的速率，可以增大反应物的浓度或升高温度。但这两种方法都有一定的局限性，有时增大反应物浓度的局限性更大，而升高温度可能引起一些副反应的发生，即使没有副反应，有些反应升高到一定的温度后反应的速率仍然很小。此时，可以考虑使用催化剂。

1. 催化反应中的基本概念

（1）催化剂

可以明显改变化学反应速率而本身在反应前后保持数量和化学性质不变的物质称为催化剂。能加速反应的称为正催化剂，如促进生物体生化反应的各种酶等。使反应速率变小的物质称为阻化剂，如防止金属腐蚀的缓蚀剂、防止塑料和橡胶老化的防老化剂、汽油燃烧中的防爆震剂等都是阻化剂。通常所说的催化剂都是指正催化剂。

（2）均相催化反应与多相催化反应

催化剂与反应系统处在同一相时，称为均相催化反应。例如，乙醇和乙酸反应生成乙酸乙酯，用硫酸作为催化剂，为液相催化反应。催化剂与反应系统处在不同相时，称为多相催化反应。例如，氢气与氮气合成氨，使用铁系催化剂、石油裂解用分子筛做催化剂，为气—固催化反应；乙醇和乙酸反应生成乙酸乙酯，如用酸性树脂做催化剂，即为液—固催化反应。

（3）催化剂的活性与选择性

催化剂的优劣主要以活性和选择性来描述。不同的催化剂其活性的表示方法也不同，通常在反应条件和催化剂用量相同的情况下，用反应物的转化率来表示催化剂的活性；反应物转化为目标产物的百分数称为催化剂的选择性。对固体催化剂也常用单位时间、单位质量（或表面积）上产物的质量来表示其活性。

（4）催化剂的中毒与再生

催化剂的活性主要源于其表面的活性中心，固体催化剂的表面活性中心被某些物质占领而失去活性，称为催化剂中毒（或失活）。如果经升温、通入气体或液体冲洗，使催化剂的活性得以恢复，称为催化剂再生。如果催化剂无法再生，则称为永久性中毒。占领活性中心的物质称为毒物。毒物往往是反应物中的杂质，所以使用前要先将反应物净化。催化剂能保持一定活性的使用时间，称为催化剂的寿命，它与催化剂的制备材料、制备条件和使用环境等因素有关。

2. 催化作用的基本特征

（1）催化剂不能改变反应的方向和限度

例如，在一定反应条件下，合成氨反应达到平衡时，氨的摩尔分数为25%，如加入催化剂不可能使氨的摩尔分数有丝毫改变。这是因为催化剂虽参与反应，但反应的始态、终态未变。

（2）催化剂只能缩短达到平衡的时间，而不能改变平衡状态

因为催化剂不能改变平衡常数的值，所以催化剂在加快正向反应速率的同时，也加快逆向反应的速率，使平衡提前到达。例如，镍催化剂既是优良的加氢催化剂，也是优良的脱氢催化剂；合成氨催化剂既加速 H_2 和 N_2 生成氨，又加速氨的分解。

（3）催化剂不改变反应系统的始、终态，因此也不会改变反应热

催化剂加快反应速率的本质，是改变了反应机理，降低了整个反应的表观活化能。另外，反应物与产物能量之差即反应热。

（4）催化剂对反应的加速作用具有选择性

特定的催化剂只能对特定的反应（或某一类反应）起催化作用，对其他反应可能无催化作用。不同类型的反应要选择不同的催化剂。即使用相同的原料，使用不同的催化剂也可能会得到不同的产物。

三、化学反应器

化学反应器是用来进行化学反应的设备，工业生产中的化学反应均在反应器中进行。不同类型的反应器适用于不同的反应介质，具有不同的特征。

（一）化学反应器类型

工业生产上使用的反应器类型多种多样，分类方法也有很多种，如按结构特点可分为如下几种类型：

1. 管式反应器

该类反应器在工业生产中常用。其特征是长度远比管径大，内部中空，不设置任何构件，多用于均相反应，如由轻油裂解生产乙烯所用的裂解炉便属此类。

2. 釜式反应器

该类反应器应用广泛，又称反应釜或搅拌反应器。其高度一般与其直径相等或为直径的 2 ~ 3 倍，釜内设有搅拌装置及挡板，以使釜内物料混合均匀。可根据不同的情况在釜内安装换热器，以维持所需的反应温度。也可在釜外安装夹套，通过流体的强制循环进行换热。釜式反应器可采用间歇和连续两种操作方式。它大多用于进行液相反应，有时也用于气—液反应、液—固反应及气—液—固反应。

3. 塔式反应器

该类反应器的高度一般为直径的数倍以至十余倍，内部设有可以增加两相接触的构件，如填料、筛板等。塔式反应器主要用于两种流体相发生反应的过程，如气—液反应和液—液反应。鼓泡塔也是塔式反应器的一种，用以进行气—液反应，内部不设置任何构件，气体自塔底以小气泡的形式鼓泡通过液层，然后自塔顶排出。喷雾塔也属于塔式反应器，用于气—液反应，液体成雾滴状分散于气体中，情况正好与鼓泡塔相反。无论哪一种类型的塔式反应器，参与反应的两种流体可以成逆流，也可以成并流，视具体情况而定。

4. 固定床反应器

固定床反应器是一种被广泛采用的典型的多相催化反应器，从反应器的形式来看，它与管式反应器类似。其特征为反应器内填充有固定不动的固体颗粒，这些固体颗粒可以是固体催化剂，也可以是固体反应物。反应物料自上而下通过颗粒床层、管间载热体与管内的反应物料进行换热，以维持所需的温度。对于放热反应，往往使用冷的原料作为载热体，借此将其预热至反应所要求的温度，然后再进入床层，这种反应器称为自热反应器。此外，也有在绝热条件下进行的固定床反应器。除多相催化反应外，固定床反应器还用于气—固及液—固非催化反应。

当气、液或液、液两股流体以并流或逆流的方式通过催化剂的固定床层时，此种反应器称为滴流床反应器，又称涓流床反应器。从某种意义上说，这种反应器也属于固定床反应器，用于使用固体催化剂的气—液和液—液反应。

5. 流化床反应器

该类反应器是有固体颗粒参与的反应器，与固定床反应器不同，这些颗粒均处于运动状态，且其运动方向是多种多样的。一般可分为两类：一类是固体被流体带出，经分离后固体循环使用，称为循环流化床；另一类是固体在流化床反应器内运动，流体与固体颗粒所构成的床层犹如沸腾的液体，故又称沸腾床反应器。这种床层有与液体相类似的性质，故又称为假液化层。反应器下部设有分布板，板上放置固体颗粒，流体自分布板下送入，均匀地流过颗粒层。当流体速率达到一定值后，固体颗粒开始松动，再增大流速即进入流化状态。反应器内一般都设置有挡板、换热器、流体与固体分离装置等内部构件，以保证得到良好的流化状态、所需的温度条件，并有助于反应后的物料分离。流化床反应器可用于气—固、液固及气—液固催化或非催化反应，是工业生产中使用较广泛的反应器。

6. 移动床反应器

该类反应器也是有固体颗粒参与的反应器，与固定床反应器无本质的区别。所不同的是固体颗粒自反应器顶部连续加入，自上而下移动，由底部卸出，如固体颗粒为催化剂，则用提升装置将其输送至反应器顶部后再返回反应器内。反应流体与颗粒成逆流，此种反应器适用于催化剂需要连续进行再生的催化反应过程和固体加工反应。

（二）化学反应器的操作方式

1. 定常过程与非定常过程

如果一个过程所有的变量（温度、压力、流量、组成等）仅随空间改变，不随时间改变，这种过程称为定常过程。如果一个过程的变量既随空间改变，也随时间改变，则称为非定常过程。定常过程具有如下特点：

第一，系统中没有物料或能量的积累，进入系统的物料质量或能量总和等于离开系统的物料质量或能量总和。

第二，通过系统中某一截面的物理量为常数，其值不随时间变化。

2. 间歇操作

采用间歇操作的反应器称为间歇反应器，其特点是进行反应所需的原料一次性装入反应器内，然后在其中进行反应，经一定时间后，达到所要求的反应程度便卸出全部反应物料，其中主要是反应产物及少量未被转化的原料。接着是清洗反应器，继而进行下一批原料的装入、反应和卸料。所以间歇反应器又称为分批反应器。间歇反应过程是一个非定常过程，反应器内物系的组成随时间而变，这是间歇过程的基本特征。若反应物系中同时存在多个化学反应，反应时间越长，反应产物的浓度不一定就越高，需具体情况具体分析。

采用间歇操作的反应器几乎都是釜式反应器，其余类型均极罕见。间歇反应器适用于反应速率慢的化学反应及产量小的化学品生产过程。对于那些批量少而产品品种多的企业尤为适宜，如医药、染料、聚合反应等过程就常采用这种操作方式。

3. 连续操作

采用连续操作的反应器称为连续反应器或流动反应器。这一操作方式的特征是连续地将原料输入反应器，反应产物也连续地从反应器流出。前边所述的各类反应器都可采用连续操作，对于工业生产中某些类型的反应器，连续操作是唯一可采用的操作方式，如固定床反应器、塔式反应器、流化床反应器等。

连续操作的反应器一般为定常操作，此时反应器内任何部位的物系参数，如浓度、温度等均不随时间改变，但随位置改变。大规模工业生产的反应器绝大部分都是采用连续操作，因为它具有产品质量稳定、劳动生产率高、便于实现机械化和自动化等优点。

4. 半连续操作

原料与产物只要其中的一种为连续输入（或输出）而其余为分批加入（或卸出）的操作，均属半连续操作，相应的反应器称为半连续反应器或半间歇反应器。半连续操作具有连续操作和间歇操作的某些特征。有连续流动的物料，这点与连续操作相似；也有分批加入（或卸出）的物料，因而生产是间歇的，这反映了间歇操作的特点。鉴于这些原因，半连续反应器的反应物系组成必然既随时间改变，也随在反应器中的位置改变。管式、釜式、塔式及固定床反应器都可采用半连续操作。

（三）工业生产对化学反应器的要求

1. 有较高的生产强度

这就要求反应器类型要适应反应系统的特性要求。例如，对气—液反应，若反应为气膜控制，应该选择气相容积大、气相湍流程度大的反应器，如喷射反应器；若反应为慢反应，反应在液相主体中进行，要求选用液相容积较大的反应器，如鼓泡和搅拌鼓泡反应器。

2. 有利于反应选择性的提高

这就要求反应器形式有利于抑制副反应的发生。例如，对气—固反应，如果是平行副反应，副反应比主反应慢，可采用停留时间短、气相容积小的反应器，如流化床和移动床等；如果副反应为连串反应，则应采用气相返混较小的设备，如列管式固定床反应器等。

3. 有利于反应温度的控制

绝大部分化学反应都伴随着热效应，如何将反应温度维持在允许的范围内是经常碰到的实际问题。当气—液反应热效应很大而又需要综合利用时，降膜反应器是比较合适的。例如，尿素生产中 NH_3 和 CO_2 生成氨基甲酸的反应热，采用降膜反应器就更易于回收。

4. 有利于节能降耗

反应器设计、选型时应该考虑能量综合利用并尽可能降低能量消耗，这对降低操作费用有重要意义。若反应在高温条件下进行，应考虑反应热量的利用和过程显热的回收。对气—液反应，可采用管式或搅拌釜式反应器；对气—固反应，可采用列管式或流化床式反应器；如果反应在加压下进行，则应考虑反应过程中压力能的综合利用。

5. 有较大的操作弹性

这一点对小规模的化工生产和精细化学品的生产尤为重要。对这类化工产品不大可能进行大量的研究，因而也不可能明确地决定它们的最佳操作条件。而且用一个反应器以适当的产量生产几种产品也是一种正常的操作方式。因此要求这类反应器具有较好的适应性，间歇或连续操作的搅拌釜对这类操作是有利的。

第三节 工业化学过程计算基础

工业化学过程由化工单元过程（化学反应过程）和单元操作组成。化学反应及设备、单元操作及设备的模拟，主要以反应动力学和传递过程原理等知识为基础，而相关的计算则以物料平衡计算和能量平衡计算为基础。

物料、能量平衡计算的目的在于定量研究生产过程，为过程开发、过程设计、寻求生产操作最佳化提供依据。物料、能量衡算的主要任务如下：

（1）计算生产过程中的原材料消耗指标、能耗定额和产品产率等。从这些技术经济指标揭示物料的利用情况、生产过程的经济合理性、过程的先进性和生产中存在的问题，进行多方案比较，为选定较先进的生产方法和流程，或提出现行生产的改进意见提供依据。

（2）根据物料平衡和能量平衡数据及设备适当的生产强度，可以设计或选择设备的类型、台套数及尺寸，即物料、能量衡算是设备计算、管路设计的依据。

（3）检查各物料的计量、分析测定数据是否正确，检查生产运行是否正常。例如，当设备漏失严重时，进、出物料则不能平衡；热损失过大时设备不能正常运行等。

（4）做系统各设备及管路的物料衡算时，可以检查出生产上的薄弱环节或控制部位，从而找出相应的强化措施。确定“三废”生产量及性质，为环评报告及做好“三废”治理提供数据。

（5）物料、能量衡算是做系统最优化和经济核算的基础。

（6）物料、能量平衡方程往往用于求取生产过程中的某些未知量或操作条件。

一、物料衡算

物料衡算研究的是某个系统内进、出物料量及组成的变化。利用系统中某些已知物流的流量和组成，通过建立有关的物料平衡式和约束式，求出其他未知物流的流量和组成。

（一）衡算系统

人为地将一个过程的全部或部分作为完整的研究对象，这种人为划定的区域称为系统，又称为体系或物系。根据计算的目的和任务，系统可由一个单独的设备或几个设备组成，也可以是工艺中某些物料的混合或分散点。系统以外的区域称为环境，系统与环境的分界线称为边界。在用框图表示系统时，边界通常用一个封闭的虚线来表示。

所研究的系统被划定后，通常还需将系统与环境的物质交换情况用带箭头的实线表示出来。物质交换线必须穿越边界线。进入系统的物料，箭头指向系统内；离开系统的物料，箭头指向环境。

在划定衡算系统时应注意以下几点：

（1）所选定的系统必须包括欲求未知量，即系统的边界线必须与所求物料线相交。

（2）所选定的系统应包括尽可能多的已知条件，即系统边界线应尽可能多地与已知物料线相交。

（3）对于较复杂的工艺过程，如多种操作组合的过程或循环过程等，还可以把所选定的系统划分为若干子系统，采取总系统的衡算与子系统的衡算联合的方法求解未知量。

（二）物料衡算方程

根据质量守恒定律，对某个系统，进入系统的全部物料量必等于离开该系统的全部物料量再加上损失掉的物料量和积累的物料量，即

$$\sum G_{输入}=\sum G_{输出}+\sum G_{损失}+\sum G_{积累} \tag{2-22}$$

上式即为物料衡算方程，需要指出以下几点：

（1）所谓系统是指所研究的目标，它可以是一个工厂，也可以是一个车间、一个工段或一个设备。

（2）物料衡算方程既可用于所涉及的物流总量，也可用于物流中的某一具体组分，或某个元素。对于无化学反应的系统，能够列出的独立物料衡算方程数为系统中组分的数目。

（3）对于物理过程，物料衡算既可按质量（kg），也可按物质的量（mol）来进行，对于有化学反应的过程，总物流的物料衡算只能按质量（kg）来进行。

（4）无论有无化学反应，各元素原子的物料衡算既可按质量（kg），也可按物质的量（kmol）来进行。

（5）“积累的物料量”一项是表示系统内物料量随时间变化时所增加或减少的量。例如某一储槽进料量为 50 $kg\cdot h^{-1}$，出料量为 45 $kg\cdot h^{-1}$，则此储槽中的物料量以 5 $kg\cdot h^{-1}$ 的速度增加，所以，该储槽处于不稳定状态。如果体系内不积累物料，如上述储槽，且进、出物料流量相等，则该储槽内的物料量不增加也不减少，即达到稳定状态，这样，“积累的物料量”一项等于零。

（6）对反应物做衡算时，由反应而消耗的量，应取负号；对产物做衡算时，由反应而生成的量，应取正号。

除物料衡算方程外，物料衡算过程经常涉及物料约束式——物料归一化方程。每一股物流都具有一个归一化方程，即构成该股物流的各组分的分数之和为 100%。

$$\sum_i x_i=1 \tag{2-23}$$

（三）物料衡算的基本方法和步骤

由于化工生产过程多种多样、繁简不一，在进行物料衡算时，为了能顺利地解题，做到条理清晰、避免错误，必须掌握解题技巧，按正确的解题方法和步骤进行。尤其是对复杂的物料衡算过程，更应如此才能获得准确的计算结果。步骤如下：

（1）收集并列出足够的原始数据。这些原始数据，在进行设计计算时常常是给定值。如果需要从生产现场收集，则应该尽量使数据准确。所有收集的数据应该使用统一的单位制。与物料衡算有关的基本数据大致包括以下几个方面：

①工艺数据。例如，输入或输出物料的流量、温度、压力、浓度、物料配比、总产率、转化率、选择性、消耗定额、“三废”排放指标及年工作时日等。

②技术指标。主要原材料、辅助材料、产品、副产品、中间产物等的质量标准及指标要求。

③物理化学数据。如密度、反应平衡常数等。

（2）绘制流程示意图，在图中应表示出所有物料线，注明所有已知和未知变量，并在各股物流线上注明已知数据和需要求解的项目。当流程比较复杂、流股又比较多时，还应将每个流股编号，这样，物料的来龙去脉一目了然。

（3）写出主、副反应方程式，标出有用的相对分子质量。化学反应方程式是根据设计任务确定原材料用量、中间产物量、副产物量、产品量和“三废”处理量等数据的依据。如果无化学反应，此步可免去。

（4）确定衡算系统。根据已知条件及计算要求确定，必要时可在流程图中用虚线表示系统边界。

（5）确定计算基准。计算基准选择的好坏，直接关系着物料衡算的难易及误差。一般计算基准有如下几种：

①时间基准。对于连续生产过程，按时间基准计算非常方便，具体可以是1 s、1 h或1 d，但对于间歇生产过程，往往以一批物料作为计算基准，计算一次投料量或者产量。

②质量基准。质量基准是以一定质量的产品或原料作为计算基准，通常可以 1000 $kg \cdot h^{-1}$ 或 1000 $kmol \cdot h^{-1}$ 为基准。

③体积基准。体积基准多适合气体物料。在实际应用中，往往是以换算成标准状态下的体积作为计算基准，以排除压力和温度的影响。

④干湿基准。干湿基准是指以计算中是否考虑物料中的水分为基准。若不考虑物料中的水分，称为干基；否则，称为湿基。究竟何时使用干基或湿基，视具体情况而定，但应该注明。

（6）列出物料衡算式，然后用数学方法求解进、出的物料量、组成和性质。

（7）列出物料衡算表。为了以后使用方便，物料衡算结束后，将计算结果列成物料衡算表、原材料消耗表和排除物综合表。

（8）校核计算结果。列出衡算表后，很容易发现计算错误，特别是物料不平衡的情况。因此，在物料衡算工作结束时，应对照衡算表仔细校对计算结果，避免后面出现一系列错误。

二、能量衡算

能量衡算研究的是一个系统内输入、输出能量的多少及各种能量之间的转化，以确定需要提供的或可利用的能量。生产中能量消耗是一项重要的技术经济指标，是衡量工艺过程、设备设计或选择、操作条件等是否合理的主要指标之一。

（一）能量衡算方程和作用

1. 能量衡算基本方程

在物料衡算的基础上，根据能量守恒定律，定量地表示出过程中各步的能量变化关系，称为能量衡算基本方程。对于一个设备或系统，有

输入的总能量 = 输出的总能量 + 累积的能量　　（2-24）

对于连续稳定过程，累积的能量等于零，则上述方程简化为

输入的总能量 = 输出的总能量　　（2-25）

2. 能量衡算的作用

（1）确定单个设备需要供给或移去的热量。如计算为满足等温操作，需供给系统或从中移出的热量，从而确定过程加热或冷却热介质（水、电、蒸汽等）的消耗及传热设备的换热面积和相关尺寸等。

（2）确定加热或冷却热介质（流体）的输送机械的外加功率。

（3）为资源配置、辅助动力车间的建设、设备设计及整个系统能量的综合利用、节能降耗等提供依据。

（二）热量衡算的基本步骤及热力学数据

1. 热量衡算的基本步骤

（1）在物料衡算的流程示意图上标明已知物流的量、组成、相态、温度、压力等已知条件，建立热量平衡关系。

（2）做出合理的假设，简化问题。例如，对少量杂质予以忽略，以免再去查找或计算该化合物的热力学数据。

（3）查阅手册或用经验公式计算所需热力学数据。如相变热 $\Delta_{相变}H$ 、生成热 $\Delta_f H$ 、燃烧热 $\Delta_c H$ 、反应热 $\Delta_r H$ 等。有关数据还必须指明物质相态，如气态（g）、液态（l）或水溶液（aq）等。

（4）统一数据单位。手册中热力学数据单位往往不统一，使用时必须统一。质量单位

宜统一为 kg，相应物质的量为 kmol；热量单位应该统一为 kJ；同时还应该注意温度的单位是 K 或℃，并注意换算。

（5）确定计算基准。热量衡算还要考虑温度基准。应尽量采用标准状态作为衡算基准，以便与许多热力学数据基准一致，以简化计算工作量，减少误差。

（6）列出热量衡算式，求解热量衡算方程。

（7）列出热量衡算表。

（8）校核计算结果，分析能量利用情况。

2. 热力学数据

热量衡算的关键是要知道热容、相变热、化学反应热、溶解热和稀释热等热力学数据，一般来说，这些数据都可以在各种手册中查到。但是文献中不可能列出所有化学物质的数据，并且这些数据多与温度和压力有关。因此，多数情况下，需要利用各种关联式计算或估算得到。需要特别指出的是，无论是查取还是利用关联式计算，一定要注意该数据的单位及其适用范围。

第四节　化工单元操作与设备

一、化工过程与单元操作

化工过程可以看成是由原料预处理过程、反应过程和反应产物后处理过程三个基本环节构成的。

化工过程的中心环节是化学反应过程及反应器。但是，为使化学反应过程得以经济有效地进行，反应器内必须保持某些优化条件，如适宜的压力、温度和物料的组成等。因此，原料必须经过一系列的预处理以除去杂质，达到必要的纯度、温度和压力。反应产物同样需要经过各种后处理过程加以精制，以获得最终产品（或中间产品）。

上述生产过程除加成、裂解、氧氯化和聚合属反应过程外，原料和反应物的提纯、精制、分离等工序均属前、后处理过程。在一个现代化的、设备林立的大型工厂中，反应器为数并不多，绝大多数设备都用于各种前、后处理操作，它们占有着企业的大部分设备投资和操作费用。前、后处理工序中所进行的过程多数是纯物理变化过程，却是化工生产所不可缺少的。经过长期的化工生产实践我们发现，各种化工产品的生产过程所涉及的各种物理变化过程都可归纳成为数不多的若干个单元操作。

各种单元操作都是依据一定的物理或物理化学原理，在某些特定的设备中进行的特定的过程。

各单元操作的内容包括两个方面：过程和设备。各单元操作中所发生的过程虽然多种多样，但从物理本质上说只是下列三种，俗称“三传”。

（1）动量传递过程（单相或多相流动）。

（2）热量传递过程——传热。

（3）物质传递过程——传质。

这三种传递过程往往同时进行并相互影响。因此，在各类单元操作设备中，合理地组织这三种传递过程，达到适宜的传递速率，是使这些设备高效而经济地完成特定任务的关键所在，也是改进设备、强化过程的关键所在。

单元操作的特点如下：

（1）单元操作讨论的只是化工生产中的物理过程。

（2）同一单元操作在不同的化工生产中遵循相同的规律，但在操作条件及设备类型（或结构）方面会有很大差别。

（3）对同样的工程目的，可采用不同的单元操作来实现。

二、流体流动与流体输送设备

（一）基本概念

1. 流体的定义和分类

气体（含蒸汽）和液体统称流体。流体有多种分类方法。

（1）按状态分为气体、液体和超临界流体。

（2）按可压缩性可分为不可压缩流体和可压缩流体。

（3）按是否可忽略分子间作用力分为理想流体和黏性（实际）流体。

（4）按流变特性（剪力与速度梯度之间关系）分为牛顿型和非牛顿型流体。

2. 流体的特征

（1）流动性，即抗剪、抗张能力很小。

（2）无固定形状，易变形（随容器形状），气体能充满整个密闭容器空间。

（3）流动时产生内摩擦，从而构成了流体流动内部结构的复杂性。

3. 作用在流体上的力

（1）质量力（又称体积力）。质量力作用于流体的每个质点上，并与流体的质量成正比，流体在重力场中受到的重力、在离心力场中受到的离心力都是典型的质量力。

（2）表面力（又称接触力或机械力）——压力与剪力。表面力与流体的表面积成正比。作用于流体表面上的力又可分为两类，即垂直于表面的力——压力、平行于表面的力——剪力（切力）。静止流体只受到压力的作用，而流动流体则同时受到两类表面力的作用。单位面积上所受的压力称为压强；单位面积上所受的剪力称为剪应力。牛顿型流体的剪应力 τ 服从下列牛顿黏性定律。

$$\tau = \mu \frac{\mathrm{d}u}{\mathrm{d}y} \tag{2-26}$$

式中：$\frac{du}{dy}$ 为法向速度梯度，单位为 S^{-1}，μ 也为流体的黏度，单位为 Pa·s；τ 为剪应力，单位为 Pa。

4. 流体的流动形态

流体流动存在两种截然不同的流动形态，判断流体的流动形态采用雷诺数。

（1）层流（又称滞流）。流体质点沿管轴线方向做直线运动（分层流动），与周围流体间无宏观的混合。牛顿黏性定律就是在层流条件下得到的。层流时，流体各层间依靠分子的随机运动传递动量、热量和质量。

（2）湍流（又称紊流）。流体内部充满大小不一的、在不断运动变化着的旋涡，流体质点（微团）除沿轴线方向做主体流动外，还在各个方向上做剧烈的随机运动。在湍流条件下，既通过分子的随机运动，又通过流体质点的随机运动来传递动量、热量和质量，它们的传递速率要比层流时高得多。化工单元操作中遇到的流动大都为湍流。

（3）雷诺数。雷诺（Reynolds）将管内径 d、流体的流速 u、流体的密度 ρ 和流体的黏度 μ 四个物理量组成一个数群，简称雷诺数，用 Re 表示，即

$$Re=\frac{du\rho}{\mu} \tag{2-27}$$

Re 是一个无量纲数群（或称无因次数）。当式中各物理量用同一单位制进行计算时，得到的是纯数。

实验结果表明，对于圆管内的流动，当 $Re<2000$ 时，流动总是层流；当 $Re>4000$ 时，流动一般为湍流；当 Re 在 2000 ~ 4000 时，流动为过渡流，即流动可能是层流，也可能是湍流，受外界条件的干扰而变化。

（二）流体定常流动过程的基本方程与计算

流体在管内（或通道内）流动时，任一截面（与流体流动方向相垂直的）上的流速、密度、压强等物理参数均不随时间而变化，这种流动称为定常流动。

1. 物料衡算——连续性方程

连续性方程反映了定常流动的管路系统中，质量流量 q_m（$kg\cdot s^{-1}$）、体积流量 qv（$m3\cdot s^{-1}$）平均流速 u（$m\cdot s^{-1}$）、流体的密度 ρ、管路的截面积 A（或管径 d）之间的相互关系。流体做定常流动的管路，以 1-1′ 和 2-2′ 截面间的管段为衡算系统，根据质量守恒定律列出的物料衡算式为

$$q_{m_1}=q_{m_2} \tag{2-28}$$

或

$$u_1A_1\rho_1=u_2A_2\rho_2 \tag{2-29}$$

推广到该管路系统的任意截面，则有

$$q_m=uA\rho=\text{常数} \tag{2-30}$$

对不可压缩流体，ρ = 常数，则可得

$$q_v = uA = \text{常数} \tag{2-31}$$

故不可压缩流体在圆管内做连续定常流动时，应有

$$\frac{u_1}{u_2} = \frac{A_2}{A_1} = \frac{d_2^2}{d_1^2} \tag{2-32}$$

式（2-28）至式（2-32）都称为连续性方程。

2. 机械能衡算——伯努利方程

（1）流动流体具有的机械能

截面的机械能有以下几种。

①位能。流体在重力场中，相对于基准面具有的能量。它相当于 1 kg 流体自基准面升举到 z 高度为克服重力所需做的功，其大小为 gz 。位能是相对值，其大小随所选定的基准面的位置而定，但位能的差值与基准面的选择无关。

②动能。流体以一定流速流动时具有的能量。1 kg 流体的动能为 $\frac{1}{2}u^2$ 。

③压力能。在流动流体内部任一位置上都有其相应的压力。1-1′ 截面上具有的压力为 p_1，流体要流入 1-1′ 截面，必须克服该截面上的压力而做功，称为流动功。流动流体具有的这部分能量，称为压力能。1 kg 流体的压力能为 $\frac{p}{\rho}$ 。

④流体在流动时其内部所受的剪应力将导致机械能损失，称为阻力损失。1 kg 流体的阻力损失为 h_f 。

⑤外界也可对流体加入机械能。1 kg 流体得到的机械能为 W_e。

（2）机械能衡算方程

两截面 1-1′ 和 2-2′ 间做机械能衡算可得

$$gz_1 + \frac{1}{2}u_1^2 + \frac{p_1}{\rho} + W_e = gz_2 + \frac{1}{2}u_2^2 + \frac{p_2}{\rho} + \sum h_f \tag{2-33}$$

上式也称为扩展了的不可压缩流体的伯努利方程。

（3）伯努利方程

对于理想流体，因其流动过程中无机械能损失，因此，根据机械能守恒定律，在管路中没有其他外力作用和外加能量的条件下，式（2-33）变为

$$gz_1 + \frac{1}{2}u_1^2 + \frac{p_1}{\rho} = gz_2 + \frac{1}{2}u_2^2 + \frac{p_2}{\rho} \tag{2-34a}$$

或

$$gz + \frac{u^2}{2} + \frac{p}{\rho} = \text{常数} \tag{2-34b}$$

式（2-34a）和式（2-34b）称为伯努利方程，方程中各项的单位均为 $J \cdot kg^{-1}$。

3. 流体流动阻力

流体流动中的阻力损失如按流动形态可分为层流阻力损失和湍流阻力损失；按管路形

态可分为直管阻力（流体流经直管段的阻力）损失和局部阻力（流体流经管件、阀门和设备进、出口等处的阻力）损失。一般由下式计算：

$$\sum h_f = h_f(\text{直}) + h_f(\text{局}) = \left(\lambda \frac{l}{d} + \sum \zeta\right)\frac{u^2}{2} \tag{2-35}$$

式中：h_f（直）、h_f（局）分别为直管阻力损失和局部阻力损失，单位为 $J \cdot kg^{-1}$；l、d 分别为管长和管径，单位为 m；λ、ζ 分别为摩擦系数和局部阻力系数（无量纲），可从相关手册和教材中查取。

（三）流体输送设备

为了将流体从低能位向高能位输送，必须使用各种流体输送设备。用于输送液体的设备称为泵，用于输送气体的设备称为通风机、鼓风机、压缩机和真空泵等。

1. 离心泵

离心泵是在化工生产过程中使用最广泛的一种泵。它结构简单紧凑、流量均匀而易于调节，又能输送有腐蚀性、含悬浮物的液体。它的缺点是压头（以流体柱高度表示的压力，m）较低，一般没有自吸能力。当要求液体压力在 2 MPa 以下时，常使用单级或双级离心泵。

如图 2-3 所示，离心泵由蜗壳（泵壳）与叶轮两个主要部件构成。泵启动前要先灌满所输送的液体，开启后，叶轮在转动轴的带动下高速旋转，产生离心力。液体从叶轮中心被抛向叶轮外周，压力增高，并高速（15 ~ 25 $m \cdot s^{-1}$）流入蜗壳，在壳内减速，使大部分动能转换为压力能，然后从排出口进入排出管路。叶轮内的液体被抛出后，叶轮中心处形成真空。泵的吸入管路一端与叶轮中心处相通，另一端则浸没在输送的液体内，在液面压力（常为大气压）与泵内压力（负压）差作用下，液体经进口管路被吸入泵内，填补了被排出液体的位置。只要叶轮不停地转动，液体便不断地被吸入和排出。因此离心泵之所以能输送液体，主要是依靠高速旋转的叶轮产生的离心力。

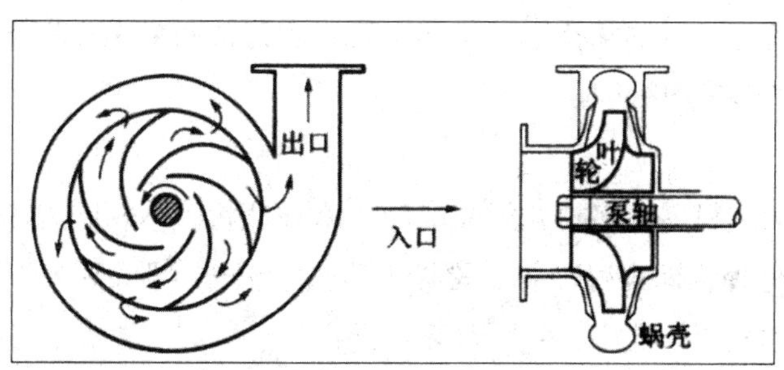

图 2-3　离心泵结构示意图

离心泵开动时如果泵壳和吸入管路内没有充满液体，便没有抽吸液体的能力，这是因为空气的密度比液体小得多，叶轮旋转产生的离心力不足以造成吸上液体所需要的真空度。工业上通常将离心泵安装在低于其所输送的液体液面以下，以便在打开进口管上的阀门后自动灌泵排气。离心泵的出口管路上也装有阀门，用于调节泵的流量。

为了便于输送不同特性的液体，离心泵的叶轮有敞式、半闭式与闭式三种结构。

2. 其他泵

（1）往复泵。当要求液体压力在 2 MPa 以上时，常使用往复泵。往复泵可以输送高压头、较大流量的液体。

（2）轴流泵。

（3）旋涡泵。

（4）旋转泵。

3. 气体压缩与输送设备

气体的压缩与输送设备按其终压（最终出口表压）可分为四类。通风机：终压不大于 15 kPa。鼓风机：终压为 15 ～ 300 kPa。压缩机：终压在 300 kPa 以上。真空泵（或喷射泵）：在容器或设备内造成真空，终压为大气压，入口压力小于大气压，实际真空度由工艺要求决定。

气体压缩与输送机械的基本形式及其操作原理与液体输送机械类似，也有离心式、往复式及喷射式等类型。但因气体在一般的操作压力之下，其密度远比液体的小，故气体压缩与输送机械的运转速度较高，体积较大；而且因为气体的黏度也较低，泄漏的可能性较大，故气体压缩机各部件之间的缝隙要留得很小。此外，气体在压缩过程中所接受的能量有很大一部分转变为热，使气体温度明显升高，故气体压缩机一般都设有冷却器。

第五节　化学工艺

化学工艺即化工生产技术，是指将原料经过化学反应转变为产品的方法和过程，包括实现这种转变的全部化学的和物理的措施，也即运用化学、物理方法改变物质组成与物质结构，合成新物质的生产过程和技术。化学工艺一般包括四个主要步骤：原料处理、化学反应、产品精制和“三废”处理。

（1）原料处理

化工生产所用的原料多种多样，因原料的规格和性状各不相同，需根据具体情况，将不同的原料进行预处理，即经过净化、提浓、混合、升温（降温）、加压（减压）或改变相态等多种不同的单元操作处理，使原料满足进行化学反应所要求的条件。

（2）化学反应

在化学工艺中，化学反应是关键步骤。经过预处理的原料，在一定的浓度、配比、温度、压力和催化剂等条件下进行反应，以达到所要求的反应转化率和回收率。反应类型是多样的，可以是氧化、还原、复分解、磺化、异构化、聚合、焙烧等，通过化学反应，获得目的产物或其混合物。

（3）产品精制

因受制于化学平衡、反应条件和催化剂的性能等因素，工业生产中的化学反应绝大多数不能进行到底，与此同时还伴有多种副反应，其产物通常都是混合物（主产物、副产物和未反应的原料等）。因此化学反应得到的混合物需要进行分离与精制，分离出主产物、副产物、未反应的原料并除去杂质，以获得符合各项规格的化工产品，同时回收副产物，并将未反应的原料循环利用。

（4）“三废”处理

在上面三个步骤中，会不同程度地产生废气、废水和固体废弃物（杂质）。化工“三废”中含有多种有毒、有害物质，若不经妥善处理，未达到规定的排放标准而排放到环境（大气、水域、土壤）中，就将对环境产生污染，破坏生态平衡和自然资源，影响工农业生产和人体健康。因此必须采取多种措施对化工生产过程中产生的“三废”进行有效的处理和合理的利用，并进行达标排放。

以上每一步都需在特定的设备（反应器和单元操作设备）中，按照化学反应原理和传递过程（单元操作）原理，在一定的操作条件下完成所要求的化学和物理的转变。

一、化工原料

广义上来讲，地球上的任何资源都可以作为化工原料，化工原料没有绝对的分类方法，大致可以分为基础原料（初始原料）、基本原料和中间原料。

（一）基础原料

基础原料是可以用来加工生产化工基本原料或产品的自然界中存在的资源，主要有以下几种：

1. 矿产资源

矿产资源是指由地质作用形成的，具有利用价值的，呈固态、液态、气态的自然资源。目前世界已知的矿物有 3000 种左右，绝大多数是固态无机物，如硫铁矿，钾钠盐矿，自然硫、磷、铀矿，石灰岩，硅石等；固态有机物，如煤（典型的无机和有机混合物）、油页岩、琥珀等仅占数十种。液态矿产有石油、天然汞。气态的有天然气、二氧化碳和氦气等。矿物原料和矿物材料是极为重要的一类天然资源，广泛应用于工农业及科学技术的各个部门。矿产资源属于不可再生资源，其储量有限。

2. 生物资源

生物资源是指生物圈中一切动、植物和微生物组成的生物群落的总和，包括植物资源（粮食、林产、草产）、动物资源（动物、渔业）和微生物资源（细菌、真菌）三大类。

3. 空气

众所周知，空气属于混合物，它主要由氮气、氧气、稀有气体、二氧化碳及其他物质（如水蒸气、杂质等）组合而成，是工业氮气、氧气和惰性气体的主要来源。

4. 水

水是来源广泛又廉价的液体化工原料，是制取氢气的主要原料，同时广泛用作溶剂、传热介质和传质介质。

（二）基本原料

基本原料是基础原料经加工制得的。根据物质来源可分为无机原料和有机原料两大类。

1. 无机原料

由无机矿产资源和煤、石油、天然气，以及空气、水加工得到的硫酸、硝酸、盐酸、磷酸等无机酸，纯碱、烧碱、合成氨、钛白粉及无机盐等。

2. 有机原料

由煤、石油和天然气等加工得到的烷烃及其衍生物、烯烃及其衍生物、炔烃及其衍生物、醇类、酮类、酚类、醚类、有机酸、梭酸盐、碳水化合物、杂环类和其他种类。

（三）中间原料

中间原料也叫原料中间体，由基本原料加工制取。化工中间体是基本原料（“三烯”“三苯”、乙炔等）及重要有机原料的下游产品，又是生产精细化工产品、药品、农药、染料等的重要原料，在化学工业生产中起着十分重要的作用。从用途上可分为通用中间体和专用中间体。

1. 通用中间体

其用途比较广泛，可用于生产医药、农药、染料、橡塑助剂等，产量比较大。如氯苯、苯胺，邻、对硝基氯苯，2- 萘酚、蒽醌、对硝基苯酚（钠）、乙胺类、氯乙酸、氯化苯、氯磺酸、三聚氯氰、乙二胺、乙醇胺、双乙烯酮、硫酸二甲酯等。

2. 专用中间体

其用途比较窄，产量比较小，专用性强，主要用于某一类产品的生产。一般来说，其生产难度较大、技术含量较高，大多在医药、农药、染料等生产企业内生产。中国将生产 11 大类精细化学品的原料和中间体统称为化工中间体，如染料、塑料、药品、甲醇、丙酮、氯乙烯等。

二、化工产品

化工产品是指由原料经化学反应、化工单元操作等加工方法生产出来的可作为生产资料和生活资料的物品。化工生产中，在生产主产物的同时，往往还会伴随部分有一定价值的副产物。例如，裂解柴油馏分生产乙烯的同时，会产生裂解汽油等副产物；焦化粗苯是炼焦工业的副产品，精制可得到苯、甲苯及二甲苯等化工基本原料。

化工产品种类众多，几乎涉及人类活动的方方面面。按照《化学工业国家标准和行业标准目录》分类，有 85 类之多。例如，G 20/29 化肥（氮肥、磷肥、钾肥、复合肥料、微量元素肥料、细菌肥料、农药肥料、其他肥料等）、农药（杀虫剂、杀菌剂、除草剂、植物生长调节剂、杀鼠剂、混合剂型、生物农药）；G 30/39 合成材料【合成树脂及塑料、合成橡胶、合成纤维单（聚）体、其他高分子聚合物等】；G 50/59 涂料、颜料、染料（油漆、特种印刷油墨、无机颜料、其他涂料、纤维用染料、皮革染料、涂料印花浆、电影胶片用染料、有机颜料、其他染料等）；G 80/84 信息用化学品（感光材料、磁记录材料、照相级化学品等）；X 40/49 食品添加剂与食用香料（食品添加剂、饲料添加剂、食用香料）。

化工产品的生产从化学工艺的角度看，有如下特点：

（1）可从不同的原料出发，采用不同工艺流程制造同一产品。例如，合成氨可以利用煤、石油、天然气来生产；乙醇可以通过粮食淀粉、各种糖质、纤维素原料发酵生产，也可以通过石油裂解气、煤基合成气为原料进行生产。

（2）同一种原料采用不同的工艺流程，可以生产不同的产品。例如，以苯为原料，通过磺化可制成苯磺酸，通过硝化可制成硝基苯，通过氯化可制成氯苯；以苯磺酸、硝基苯、氯苯作为中间体，又可制造出大量的化学品。以煤为原料，经过汽化，煤转化为含有一氧化碳、氢、甲烷、二氧化碳等组成的合成气，进而生产合成氨、甲醇、醋酐、二甲醚及合成液体燃料等；将煤干馏，使其分解生成焦炭、煤焦油、粗苯和焦炉气，以生产苯、甲苯、二甲苯、酚、萘和碳；将煤液化，直接转化成液体燃料，再进一步加工精制成汽油、柴油等燃料油。

（3）同一原料制造同一产品还可采用不同的工艺流程。例如，在以石英砂为原料制备硅酸钠的过程中，有干法和湿法两种工艺流程；煤炭液化生产液体燃料，可采用直接液化工艺和间接液化工艺。

三、化工生产工艺过程

化工生产工艺过程（化学工艺）通常是针对特定的产品或原料设计开发的，如合成氨生产工艺、氯乙烯生产工艺、石油的催化裂化工艺、煤汽化工艺等。因此，每种化工生产工艺都具有其特殊性。

在化工生产中，从原料到产品，物料经过了一系列化学和物理加工处理步骤，即化工生产工艺过程。化工工艺过程是围绕核心（主要）反应器组成的，其上游为原料（反应物）的预处理，以满足主要化学反应工艺条件为目标；下游为产品（生成物）的后处理，通过分离、纯化等手段，以达到产品质量标准为目标；与此同时，对工艺过程中产生的“三废”进行处理，达标排放。化工工艺过程主要由进行物理过程的单元操作（设备占比90%以上），如流体输送、物料换热、机械分离、传质分离等，进行化学过程的单元反应，如氧化、加氢，硝化、卤化、裂解、聚合和化学净化等组成；有时也将生化处理引入化工工艺过程，如气体脱硫、废水的厌氧和好氧处理、废渣的发酵等。

化学工艺是化工过程的精髓。开发设计一个化工过程，就是一种化学工艺的形成过程。化工原料的多样性、化工产品的多样性，使得化工工艺十分复杂，因而化工工艺过程开发设计的重要特征就是多方案性。所以要确定某个化工产品的生产工艺，将面临一系列的选择与优化，主要内容如下：

（一）原料路线的选择

工艺过程选用什么原料路线，对生产工艺和技术经济指标有决定性的影响。在化工产品的成本中，原料费用一般占有较高的比例（60% ~ 70%）。原料的种类、品质和来源的多样性使得不同原料有不同的工艺路线，同一种原料也会有几种工艺路线。因此，必须充分考虑所需原料供应的可靠性、合理性和采用不同原料线路可以达到的技术经济指标，经过对比，找出最佳方案。

（二）生产方法和技术的选择

其原则是：生产方法合理可行；工艺技术科学先进；原料和能量利用充分合理；安全措施得当可靠；"三废"治理方法可靠有效；经济指标先进合理。

（三）单元设备的选择或设计

根据生产方法确定所用单元设备（反应器、热交换器、分离设备、输送设备等）和操作条件。

（四）工艺流程的合成与优化

确定单元操作设备和反应器之间的最优连接方式和操作条件，用选定的原料生产出所需要的产品，并使生产成本最低、过程安全可靠、环境污染程度最小。化学工艺的合成与优化对能否进行正常生产及能否取得经济效益至关重要。

第三章　石油炼制与石油化工

第一节　概述

石油是一种主要由碳氢化合物组成的复杂混合物。目前石油、天然气和煤同为世界经济发展的基础能源。但是，石油不能直接用作汽车、飞机等交通工具的燃料，也不能直接作为润滑油、溶剂油、工艺用油使用，必须经过炼制，才能成为满足不同使用目的和质量要求的各种石油产品。

石油炼制是指将原油经过分离或反应获得可直接使用的燃料（如汽油、航空煤油、柴油、液化燃料气、重质燃料油等）、润滑油、沥青及其他产品（如石蜡、石油焦等）的过程。

石油加工产品不仅是重要的能源，而且是现代工业、农业和现代国防等领域应用极其广泛的基础原料。由石油进一步加工生产的三烯、三苯、乙炔和萘等作为化学工业的原料或中间体直接涉及人们的衣、食、住、行等，是基本的有机化工原料。石油加工工业在国民经济中占有极其重要的地位。

石油化工是推动世界经济发展的支柱产业之一，随着世界经济的发展，低级烯烃的需求呈逐年增加的趋势，而乙烯工业作为石油化工工业的龙头具有举足轻重的地位。

一、我国石油工业的发展概况

我国早在3000多年以前的西周时期就已经发现了石油，是最早发现和使用石油的国家之一。但我国近代石油工业起步较晚，大量石油产品需进口，至1948年止，全国累计生产石油仅3.08万吨，至1949年，全国仅有玉门、独山子、延长等地有小型炼油厂，加工当地的石油产品。

1949年以后石油工业得到迅速发展。1958年建成第一座年处理量为100万吨的现代化炼油厂；1959年发现大庆油田；1965年结束了对石油的进口依赖，相继发现并建成胜利、大港、长庆等一批油田；1978年原油产量突破1亿吨大关，进入世界主要产油大国行列，并掌握了原油常减压蒸馏、延迟焦化、催化裂化、加氢裂化、催化重整、溶剂精制、脱蜡等炼油技术。自20世纪80年代起原油产量稳定在1亿吨以上，基本依靠自主开发的技术和装备建设了我国的炼油工业。20世纪90年代至今，我国提出并实施稳定东部、发展西部、开发海洋、开拓国际的战略方针，东部油田实现稳产高产，大庆连续 27 年原油产量超过 5000 万吨，西部油田、海上油田、海外石油项目正成为符合中国现实的油气资源战略接替区；成功开发重油催化裂化、加氢裂化、加氢精制，渣油加氢处理、加氢改质等一系列有特色的成套炼油技术，重油催化裂化、渣油加氢处理技术达国际先进水平，近年来我国已经逐步形成了一套石油化工工业体系，包括石油化工、石油天然气开采、化学肥料、有机原料、燃料、农药、橡胶加工及精细化学品等行业。

二、原油及其化学组成

石油是一种埋藏在地下的天然矿产资源。其中的烃类化合物和非烃类化合物的相对分子质量为几十到几千，沸点为常温到 500℃以上。未经炼制的石油称为原油。在常温下，原油大都呈流动或半流动状态，颜色多是黑色或深棕色，少数为暗绿、赤褐色或黄色，如我国四川盆地的原油是黄绿色的、玉门原油是黑褐色的、大庆原油是黑色的。许多原油由于含有硫化物而产生浓烈的气味。我国胜利油田原油含硫量较高，而大庆、大港等油田原油含硫量则较低。不同产地的原油其相对密度也不相同，一般小于 1，在 0.8 ~ 0.98。

原油之所以在外观和物理性质上不同，其根本原因是化学组成不完全相同。原油是由多种元素组成的多种化合物的混合物，其性质是所含的各种化合物的综合表现。石油组成虽复杂，但含有的元素并不多，基本是由碳、氢、硫、氮、氧组成。

石油中最主要的元素是碳元素和氢元素。一般碳元素占 83% ~ 87%，氢元素占 11% ~ 14%，其余的元素占 1% ~ 4%。

除碳、氢、硫、氮、氧五种元素外，有的石油中还可能有氯、碘、砷、磷、硅等微量非金属元素和铁、钒、镍、铜、镁、钛、钴、锌等微量金属元素。这些微量元素的存在，对石油加工过程（尤其是催化加工过程）的影响很大。

石油中的各种元素以碳氢化合物的衍生物形态存在。

三、原油的分类及性质

原油中的烃类一般为烷烃、环烷烃、芳烃，一般不含烯烃和炔烃，只是在石油加工过程中会产生一定数量的烯烃。产地、生成原因不同，原油的组成和性质也不同，这对原油的使用价值、经济效益都有影响。为了合理地开采、输送和加工原油，必须对其进行分析评价，以便根据原油的性质、市场对产品的需求、加工技术的先进性和可靠性等因素，制定经济合理的加工方案。

对原油进行评价的第一步就是对其分类。由于原油的组成极其复杂，确切地进行分类十分困难。一般是按一定的指标将原油进行分类，最常用的是化学分类法，其次是工业分类法。

按化学特性分类，原油大体可分为石蜡基、中间基和环烷基三大类。石蜡基原油一般烷烃含量超过 50%，特点是密度小，蜡含量高，凝点高，含硫、胶质和沥青质较少，其生产的直馏汽油的辛烷值较低，柴油的十六烷值较高，大庆原油就是典型的石蜡基原油。环烷基原油的特点是含环烷烃、芳香烃较多，密度大，凝点低，一般含硫、含胶质及沥青质较高，这种原油生产的直馏汽油辛烷值较高，但柴油的十六烷值较低，此类原油的重质渣油可生产高级沥青，孤岛原油就属于这一类。中间基原油的性质介于两者之间，如胜利原油。

四、石油产品加工方案

（一）加工方法

通常把原油的常减压蒸馏称为一次加工。在一次加工中，将原油用蒸馏方法分离成若干个不同沸点范围的馏分。它包括原油的预处理、常压蒸馏和减压蒸馏，产物为轻汽油、汽油、柴油、润滑油等馏分和渣油。以一次加工产物作为原料再进行催化裂化、催化重整、加氢裂化等过程称为二次加工。将二次加工的气体或轻烃进行再加工称为三次加工，也是生产高辛烷值汽油组分和各种化学品的过程，如烷基化、叠合、异构化等工艺过程。

（二）加工方案

理论上可以用任何一种原油生产出所需的石油产品，但不同油田、油层的原油在组成、性质上会有较大的差异，选择合适的加工方案，可得到最大的经济效益。人们往往根据原油的综合评价结果、市场对产品的需求、加工技术水平等选择原油加工的方案。

原油加工方案可以分为三种类型。

1. 燃料型

这类炼油厂生产汽油、喷气燃料、柴油、燃料油等用作燃料的石油产品。这类炼油厂的工艺特点是通过一次加工尽量提取原油中的轻质馏分，并利用裂化和焦化等二次加工工艺，将重质馏分转化为汽油、柴油等轻质油品。

2. 燃料—润滑油型

这类炼油厂除了生产燃料油外，还生产各种润滑油产品。

3. 燃料—化工型

这类炼油厂除生产各种燃料油外，还通过催化重整、催化裂化、芳烃抽提、气体分离等手段制取芳香烃、烯烃等化工原料和产品。

第二节　常减压蒸馏

一、概述

原油蒸馏是石油加工的第一步，利用蒸馏的方法能将原油中沸点不同的混合物分开，原油的蒸馏装置的处理能力往往被视为一个国家炼油工业发展水平的标志。但是，原油中的重组分的沸点很高，在常压下蒸馏时，需要加热到较高的温度，而当原油被加热到370℃以上时，其中的大分子烃类对热不稳定，易分解，影响产品的质量。因此，在原油蒸馏过程中，为降低蒸馏温度、避免大分子烃的裂解，通常在常减压蒸馏装置中完成原油的蒸馏——依次使用常压、减压蒸馏的方法，将原油按沸点范围切割成汽油、煤油、柴油、润滑油原料、裂化原料和渣油等馏分。所谓减压蒸馏是将蒸馏设备内的气体抽出，提高蒸馏塔内的真空度，使塔内的油品在低于大气压的情况下进行蒸馏，高沸点组分在较低温度汽化的操作。

原油从油田开采出来后，必须先进行初步的脱盐、脱水，以减轻在输送过程中的动力消耗和对管道的腐蚀，但此原油中的盐含量、水含量仍不能满足炼油加工的要求，故一般在进行常减压蒸馏之前，必须对原油进行预处理，脱除其中的盐、水等杂质。

在常压蒸馏塔中，分离出沸点较低的馏分，如拔顶气（C_1 ~ C_4）、直馏汽油、航空煤油、煤油、轻柴油（250℃ ~ 300℃馏分）及重柴油（300℃ ~ 350℃馏分）等，而剩余部分从塔底排出进入减压蒸馏塔再蒸馏，以免温度过高引起烃类裂解或结晶。

减压蒸馏塔一般在真空下（5 kPa）操作。由于操作压力低，避免了油品的裂解和结焦。借助此过程，可生产润滑油馏分、催化裂化原料或催化加氢原料等。

二、常减压蒸馏工艺

（一）原油常减压蒸馏流程

经严格脱盐脱水后的原油换热到230℃ ~ 240℃进入初蒸馏，从初蒸馏塔顶分出轻汽油馏分或重整原油，其中一部分返回塔顶做顶回流。初馏塔底油（又称拔头原油）经一系列换热后，由泵送入常压加热炉加热到360℃ ~ 370℃后进入常压蒸馏塔。常压蒸馏塔的塔顶分出汽油馏分，侧线分出煤油、轻柴油、重柴油馏分，这些侧线馏分经气提塔气提出轻组分后，送出装置。常压蒸馏塔底油（称为常压重油），一般为原油中的高于350℃的馏分，用泵送至减压炉中。

常压蒸馏塔底重油经减压炉加热到400℃左右送入减压蒸馏塔。塔顶分出不凝气和水蒸气。减压蒸馏塔一般有3 ~ 4个侧线，根据炼油厂的加工类型（燃料型和润滑油型）可生产催化裂化原料或润滑油馏分。加工类型不同，塔的结构及操作控制也不一样。润滑油型减压蒸馏塔设有侧线气提塔以调节出油质量并设有2 ~ 3个中段回流；而燃料型减压蒸馏塔则无须设气提塔。减压蒸馏塔塔底渣油用泵抽出经换热冷却后出装置，也可根据渣油的组成及性质送至下道工序（如氧化沥青、焦化、丙烷脱沥青等）。

（二）原油蒸馏塔的工艺特征

石油是复杂的混合物，且原油蒸馏产品为石油馏分，因此，原油蒸馏塔有它自身的特点。下面以常压蒸馏塔为例进行讨论。

1. 复合塔结构

原油通过常压蒸馏塔蒸馏可得到汽油、煤油、轻柴油、重柴油、重油等产品，按照多元精馏方法，则需 N—1 个精馏塔才能将原油分割成 N 个组分。当要将原油加工成五种产品时需要将四个精馏塔串联操作。当要求产品的纯度较高时，此方案是必需的。

但在石油的一次加工中，所得产品本身仍是混合物，不需要很纯，故把几个塔合成一个塔，采用侧线采出的方法得到多个产品。这种塔结构称为复合塔。

2. 适当的过汽化率

由于常压蒸馏塔不用再沸器，热量几乎完全取决于加热炉的进料温度；气提水蒸气也带入一些热量，但水蒸气量不大，在塔内只是放出显热。因此，常压蒸馏塔的回流比由全塔热平衡决定变化的余地不大。此外，应注意常压蒸馏塔的进料汽化率至少应等于塔顶产品和各侧线产品的产率之和，以过量的汽化率保证蒸馏塔最底侧线以下的板上有液相回流，保证轻质油的产率。

3. 设有气提塔

在常压蒸馏内只有精馏段没有提馏段，侧线产品中必然含有许多轻馏分，影响了侧线产品的质量，降低了轻馏分的产率。因此，在常压蒸馏塔外设有侧线产品的气提塔，在气提塔的底部吹入少量过热水蒸气，通过降低侧线产品的油气分压，使混入其中的轻组分汽化、返回常压蒸馏塔，达到分离要求。

4. 恒摩尔流假定不适用

石油中的组分复杂，各组分间的性质相差很大，它们的汽化热也相差很远。所以，通常在精馏塔设计计算中使用的恒摩尔流假定对原油常压蒸馏塔不适用。

（三）减压蒸馏工艺特征

原油中 350℃以上的高沸点馏分是润滑油、催化裂化的原料，在高温下会发生分解反应，在常压蒸馏塔的条件下不能得到这些馏分。采用减压可降低油料的沸点，在较低温度下得到高沸点的馏分，故通过减压蒸馏得到润滑油、催化裂化的原料馏分，减少压力的办法是采用抽真空设备，使塔内压力降至 10 kPa 以下。根据生产任务不同，减压蒸馏塔可以分为两种类型。

1. 燃料型减压蒸馏塔

该类塔主要生产残炭值低、金属含量低的催化裂化、加氢裂化原料，分离精确度要求不高，要求有尽可能高的提出率。其特点是可大幅度减少塔板数以降低压力降、减小内回流量以提高真空度；汽化段上方设有洗涤段，洗涤段中设有塔盘和捕沫网以降低馏出油的残炭值和重金属含量。

2. 润滑油型减压蒸馏塔

该类塔主要生产黏度合适、残炭值低、色度好、馏程较窄的润滑油馏分，要求拔出率高，且有足够的分离精度。其特点是塔盘数较一般减压蒸馏塔多（由于塔盘数多会使压力降增大，故采用较大板间距以减低压力降）；侧线抽出较一般减压蒸馏多，以保证馏分相对较窄。

所有减压蒸馏塔的共同特点是高真空度、低压力降、塔径大、塔盘少。在降低塔内压力的同时向塔底注入过热水蒸气，以进一步降低油气分压。塔顶一般不出产品，采用顶循环回流以降低压力降。为避免塔底渣油在底部停留时间过长而结焦或分解，底部采用缩径的办法以减少其停留时间。

第三节　催化裂化

一、概述

催化裂化是重质油在酸性催化剂存在下，在500℃左右、1×10^5 ~ 3×10^5 Pa下发生裂解，生成轻质油、气体、焦炭的过程。

（一）催化裂化原料

催化裂化的原料范围广泛，可分为储分油和渣油两大类。储分油主要是直馏减压馏分油（VGO），馏程350℃ ~ 500℃。催化裂化的理想原料是含烷烃较多、含芳香烃较少的中间帽分油，如直馏柴油、减压轻质馏分油或润滑油脱蜡的蜡下油等。这是因为烷烃最容易裂化，轻质油收率高，催化剂使用周期长。而芳香烃不易裂化，且容易生成焦炭，不仅降低了轻质油收率，而且使催化剂的活性和选择性迅速降低。焦化蜡油、润滑油溶剂、精制抽出油等也可以作为催化裂化原料；渣油主要是减压渣油、脱沥青的减压渣油、加氢处理重油等，必须加入一定比例减压储分油进行加工。

（二）催化裂化产品

催化裂化的产品包括气体、汽油、柴油、重质油（可循环做原料）及焦炭。反应条件及催化剂性能不同，各产品的产率和性质也不尽相同。

在一般条件下，气体产率为10% ~ 20%。其中含H_2、H_2S、C_1 ~ C_4等组分。C_1 ~ C_2气体称为“干气”，占气体总量的10% ~ 20%，干气中含有10% ~ 20%的乙烯，它不仅可作为燃料，也可作为生产乙苯、制氢等的原料。C_3 ~ C_4气体称为“液化气”，其中烯烃含量为50%左右。

汽油产率为30% ~ 60%，其研究法辛烷值为80 ~ 90，安定性较好。

柴油产率为0% ~ 40%，十六烷值较直馏柴油低，且安定性很差，需经加氢处理，或与质量好的直馏柴油调和后才能符合轻柴油的质量要求。

（三）催化裂化催化剂

催化剂是一种能够改变化学反应速率且反应后仍能保持组成和性质都不改变的物质。

近代流化催化裂化所用的催化剂都是合成微球 Si-A1 催化剂，这类催化剂活性和抗毒能力较强，选择性好。按照分子结构不同分为无定形和晶体两种，主要有无定形硅酸铝催化剂、晶体催化剂（通常称为分子筛催化剂）。

二、烃类的催化裂化反应

烃类的催化裂化反应是一个复杂的物理化学过程，其产品数量和质量与反应物料在反应器中的流动状况、原料中各类烃在催化剂上的吸附、反应等因素有关。

（一）催化裂化的化学反应类型

1. 分解反应

分解反应为催化裂化的主要反应，基本上各种烃类都能进行。分解反应是烃类分子中 C-C 键发生断裂的过程，分子越大越易断裂。

烷烃分解为小分子的烷烃和烯烃，如

$$CH_3—CH_2—CH_2—CH_2—CH_2—CH_2—CH_3 \rightarrow CH_3—CH_2—CH_2—CH_3+CH_2=CH—CH_3$$

异构烷烃分解时多发生 β 断裂，如

$$CH_3—CH_2—CH_2—CH_2—CH_2—\underset{\displaystyle CH_3}{\underset{|}{CH}}—CH_3 \xrightarrow{\beta断裂} CH_3—CH_2—CH_2—CH_3+CH_2=\underset{\displaystyle CH_3}{\underset{|}{C}}—CH_3$$

烯烃在 β 键发生断裂，分解为小分子，如

$$CH_3—CH=CH—CH_2—CH_2—CH_2—CH_2—CH_3 \xrightarrow{\beta断裂} CH_3—CH=CH—CH_3+CH_2=CH—CH_2—CH_3$$

环烷烃从环上断裂生成异构烯烃，如

$$\text{(环戊基)}—CH_2—CH_3 \xrightarrow{\beta断裂} CH_2=\overset{\displaystyle CH_3—CH_2}{\overset{|}{C}}—CH_2—CH_2—CH_3$$

环烷烃的侧链较长时，也可能发生侧链断裂，如

$$\text{(环戊基)}—CH_2—CH_2—CH_2—CH_2—CH_3 \xrightarrow{\beta断裂} \text{(环戊基)}—CH_3+CH_2=CH—CH_2—CH_3$$

芳香环很稳定不易开裂，但烷基芳烃很容易断侧链，如

$$C_6H_5-CH_2-\overset{\displaystyle CH_3}{\overset{|}{C}H}-CH_3 \longrightarrow C_6H_6 + CH_2=\overset{\displaystyle CH_3}{\overset{|}{C}}-CH_3$$

2. 异构化反应

相对分子质量不变只是改变分子结构的反应称为异构化反应。催化裂化过程中的异构化反应较多，主要有如下几种：

①骨架异构：分子的碳链发生重新排列，如直链变为支链、支链位置变化、五环变六环。

$$C_5H_8(-CH_3)(-CH_3) \longrightarrow C_6H_{11}-CH_3$$

②双键移位异构：双键位置从一端移向中间。如

$$CH_2=CH-CH_2-CH_2-CH_2-CH_3 \longrightarrow CH_3-CH_2-CH=CH-CH_2-CH_3$$

③几何异构：分子空间结构变化。如

$$\begin{matrix} CH_3 & & CH_3 \\ \diagdown & & \diagup \\ H-C & = & C-H \end{matrix} \longrightarrow \begin{matrix} CH_3 & & \\ \diagdown & & \\ H-C & = & C-H \\ & & \diagdown \\ & & CH_3 \end{matrix}$$

3. 氢转移反应

某些烃类分子的氢脱下加到另一烯烃分子上使之饱和，在氢转移过程中，活泼氢原子快速转移，烷烃提供氢变为烯烃，环烷烃提供氢变成环烯烃，进一步成为芳烃。如

$$C_6H_{11}-CH_3 + CH_3-CH=CH-CH_3 \longrightarrow C_6H_9-CH_3 + CH_3-CH_2-CH_2-CH_3$$

（二）烃类催化裂化反应的特点

石油馏分由各类单体烃组成，它们的性质决定了烃类催化裂化反应的规律。石油馏分的催化裂化反应有两方面的特点。

1. 复杂的平行—连串反应

石油烃类催化裂化反应是一个复杂的平行—连串反应过程。烃类在催化裂化时可以同时进行几个方向的反应——平行反应；同时随着反应深度增加，初始的反应产物又会继续反应——连串反应。

2. 各烃类之间的竞争吸附和对反应的阻滞作用

原料进入反应器后，首先汽化变为气体，气体分子在催化剂活性表面吸附后进行反应。各类烃的吸附能力由强到弱依次是稠环芳烃＞稠环烷烃＞烯烃＞单烷基侧链的单环芳烃＞

单环环烷烃＞烷烃。同类型的烃类相对分子质量越大越易吸附。

各类烃的化学反应速率由快到慢依次是烯烃＞大分子单烷基侧链的单环芳烃＞异构烷烃与烷基环烷烃＞小分子单烷基侧链的单环芳烃＞正构烷烃＞稠环芳烃。

可见，稠环芳烃最容易被吸附而反应速率最慢。它们吸附后便牢牢占据在活性表面，阻止其他烃类的吸附和反应，并由于长时间停留在催化剂表面上，会发生缩合反应而形成焦炭。因此，催化裂化原料中如果稠环芳烃较多，会使催化剂很快失活。环烷烃有一定的反应能力和吸附能力，是催化裂化的理想原料。

三、影响催化裂化的主要因素

烃类催化裂化反应是一个气—固多相催化反应，其反应包括如下七个步骤：

①反应物由主气流扩散到催化剂外表面。

②反应物沿着催化剂微孔由外表面向内表面扩散。

③反应物在催化剂表面上吸附。

④被吸附的反应物在催化剂表面发生反应。

⑤产物从催化剂内表面上脱附。

⑥产物沿着催化剂微孔由内表面向外表面扩散。

⑦产物从催化剂外表面向主气流扩散。

整个催化反应速率取决于各步的速率，速率最慢的一步则为整个反应的控制步骤。一般来说，催化裂化反应为表面反应控制。影响催化裂化的主要因素如下：

（一）催化剂

提高催化剂的活性有利于提高化学反应速率，在其他条件相同时，可以得到较高的转化率。提高催化剂的活性也有利于促进氢转移和异构化反应。

（二）反应温度

反应温度对反应速率、产品分布和产品质量都有极大的影响。温度提高则反应速率加快，转化率增大。由于催化裂化为平行—连串反应，而反应温度对各类反应的速率影响程度不一样，其结果是使产品分布和质量发生变化。在转化率相同时，反应温度升高，汽油和焦炭产率迅速增加。

由于提高温度会促进分解反应，而氢转移反应速率提高不大，因此产品中的烯烃和芳香烃有所增加，汽油的辛烷值会有所提高。实际上，选择反应温度应根据生产实际需要和经济合理性来确定，一般工业生产装置采用的反应温度为 460℃～520℃。

四、催化裂化工艺流程

催化裂化装置一般由反应—再生系统、分馏系统和吸收—稳定系统三部分组成，在处理量较大、反应压力较高的装置中常常还有再生烟气能量回收系统。

（一）反应—再生系统

工业生产中的反应—再生系统在流程、设备、操作方式等方面多种多样。

新鲜原料经换热后与回炼油混合经加热炉预热至 200℃ ~ 400℃后，由喷嘴喷入提升管反应器底部与高温再生催化剂（600℃ ~ 750℃）接触，随即汽化并反应。油气与雾化蒸汽及预提升蒸汽一起以 4 ~ 7 m · s^{-1} 的高线速通过提升管出口，经过快速分离器进入沉降器，携带少量催化剂的油气与蒸汽的混合气体经两级旋风分离器，分离出催化剂后进入集气室，从沉降器顶部出口去分馏系统。

经快速分离器分出的积有焦炭的催化剂（称为待生催化剂）由沉降器下部落入气提段，底部吹入过热水蒸气置换出待生催化剂上吸附的少量油气，再经过待生斜管以切线方式进入再生器。再生用的空气由主风机供给，再生器维持 0.137 ~ 0.177 MPa（表压）的顶部压力，床层线速为 0.8 ~ 1.2 m · s^{-1}。烧焦后含量降至 0.2% 以下的再生催化剂经溢流管和再生斜管进入提升管反应器，构成催化剂循环。

反应再生系统中除了有与炼油装置类似的温度、压力、流量等自由控制系统外，还有一套维持催化剂循环的较复杂的自动控制和发生事故时的自动保护系统。

（二）分馏系统

典型的催化剂分馏系统由沉降器（反应器）顶部出来的 460℃ ~ 510℃的产物从分馏塔下部进入，经装有挡板的脱过热段后自下而上进入分馏段，分割成几个中间产品：塔顶为汽油和催化富气，侧线有轻柴油、重柴油（也可以不出重柴油）和回炼油，塔底产品是油浆。轻柴油和重柴油分别经气提、换热后出装置。塔底油浆可循环回反应器进行回炼，也可以直接出装置。为了取走分馏塔的过剩热量，设有塔顶循环回流和中段回流及塔底油浆循环回流。

与一般分馏塔相比，催化裂化分馏塔有如下特点：

进料是携带有催化剂粉末的 450℃以上的过热油气，必须先把它冷却到饱和状态并洗去夹带的催化剂，为此在塔的下部设有脱过热段，其中装有“人”字形挡板。塔底循环的冷油浆从挡板上方返回，与从塔底上来的油气逆向接触，达到洗涤粉尘和脱过热的作用。

由于产品的分离精度不很高，容易满足，而且全塔剩余热量大，因此设有四个循环回流取热。又由于中段循环回流和循环油浆的取热比较大，使塔的下部负荷比上部负荷大，所以塔的上部采用缩径。

塔顶部采用循环回流而不用冷回流，主要由于进入分馏塔的油气中有相当数量的惰性气体和不凝气体，会影响塔顶冷凝器的效果。采用顶循环回流可减轻这些气体的影响。又由于循环回流抽出温度较高，传热温度差大，可减小传热面积和降低水、电消耗。此外，采用塔顶循环回流以代替冷回流还可降低由分馏塔顶至气压机入口的压力降，从而提高气压机的入口压力。

（三）吸收—稳定系统

从分馏塔顶油气分离器出来的富气中带有汽油组分，而粗汽油中则溶有 C_3、C_4。吸收—稳定系统是用吸收和精馏的方法，将富气和粗汽油分离成干气、液化气（C_3、C_4）和蒸汽压合格的稳定汽油。

从汽油分离器出来的富气经气压机压缩，经冷却分离出凝缩油后从塔底进入吸收塔。稳定汽油和粗汽油作为吸收油从塔顶进入，吸收 C_3、C_4 的富吸收油从塔底抽出送入解吸塔。吸收塔顶出来的贫气（夹带少量汽油），经再吸收塔用轻柴油吸收其中的汽油成分，塔顶干气送至瓦斯管网。

含有少量 R 组分的富吸收油和凝缩油在解吸塔中解吸出 C_2 组分后，得到脱乙烷油。塔底设有再沸器以提供热量，塔顶出来的 C_2 组分经冷却与压缩富气混合返回压缩富气中间罐，重新平衡后进入吸收塔。脱乙烷油中的 C_2 含量应严格控制，否则进入稳定塔后会恶化塔顶冷凝器的效果及由于排出不凝气而损失 C_3、C_4。

稳定塔实际是精馏塔，脱乙烷油进入其中后，塔顶产品是液化气，塔底是蒸汽压合格的汽油（稳定汽油）。有时为了控制稳定塔的操作压力，要排出部分不凝气体。

各种反应器形式的催化裂化装置的分馏系统和吸收稳定系统几乎是相同的，只是在反应再生系统中有些区别。

第四节　催化重整

一、概述

催化重整是石油加工工业主要的工艺过程之一。它是以石脑油为原料生产高辛烷值汽油及轻芳烃（苯、甲苯、二甲苯，简称 BTX）的重要过程，同时，也副产相当数量的氢气。催化重整汽油是无铅高辛烷值汽油的重要组分。催化重整装置能为化纤、橡胶、塑料和精细化工行业提供原料（如苯、二甲苯、甲苯）；为交通运输行业提供高辛烷值汽油；为化工提供重要的溶剂油及大量廉价的副产纯氢（75% ~ 95%）。因此重整装置在石油化工联合企业生成过程中占有十分重要的地位。

二、催化重整化学反应

催化重整是在催化剂存在的情况下，烃类分子结构发生重新排列、转变为相同 C 原子数的芳烃，成为新的分子化合物的工艺过程。催化重整的主要目的是生产芳烃或高辛烷值的汽油，同时副产高纯氢。

（一）芳烃化反应

1. 六元环烷烃脱氢生成芳烃

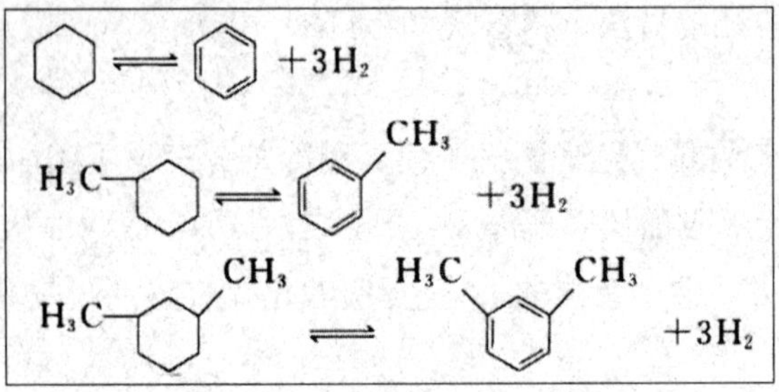

$$+3H_2$$

CH₃　H₃C　$\rightleftharpoons$　$+3H_2$

CH₃　H₃C　$\rightleftharpoons$　H₃C　CH₃　$+3H_2$

2. 五元环烷烃脱氢异构

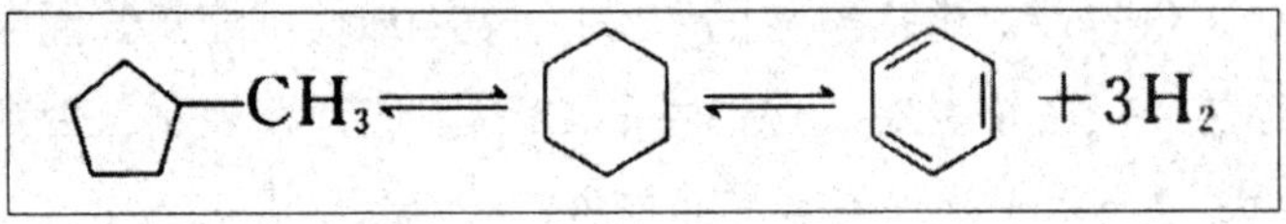

$$-CH_3 \rightleftharpoons \quad \rightleftharpoons \quad +3H_2$$

3. 烷烃脱氢环化生成芳烃

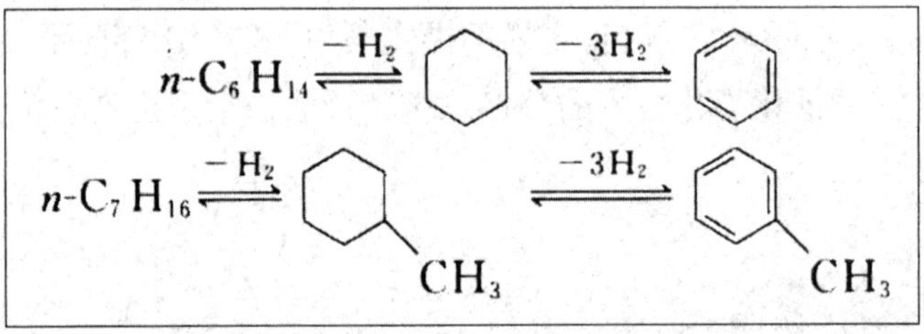

$$n\text{-}C_6H_{14} \xrightleftharpoons{-H_2} \quad \xrightleftharpoons{-3H_2}$$

$$n\text{-}C_7H_{16} \xrightleftharpoons{-H_2} \quad \xrightleftharpoons{-3H_2}$$

CH₃　CH₃

该反应也有吸热并体积增大的特点。烷烃脱氢环化反应比环烷烃芳构化更难进行，达到热力学可能收率所需温度比环烷烃高得多，平衡常数增大。但由于该反应是使较低辛烷值的烷烃变为高辛烷值的芳烃，所以是提高油品质量和增加芳烃收率最常用的反应。

（二）异构化反应

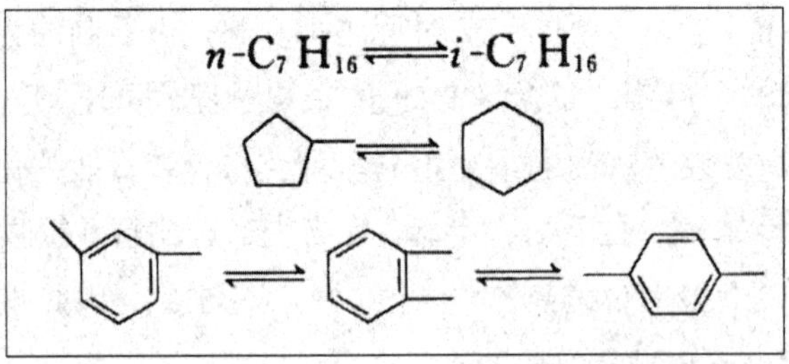

$$n\text{-}C_7H_{16} \rightleftharpoons i\text{-}C_7H_{16}$$

（三）加氢裂化反应

$$n\text{-}C_7H_{16} + H_2 \longrightarrow n\text{-}C_3H_8 + i\text{-}C_4H_{10}$$

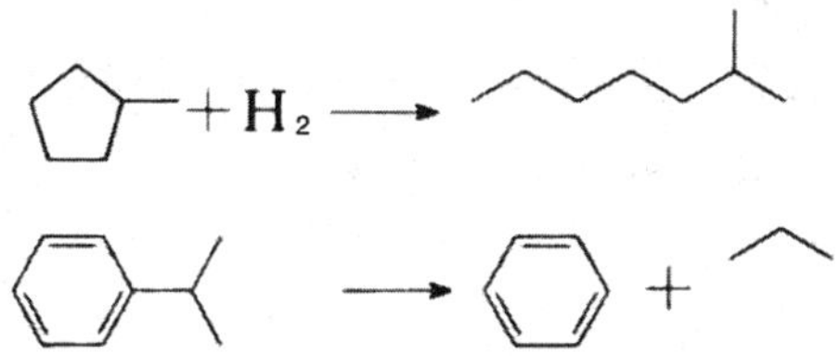

$$+ H_2 \longrightarrow$$

$$\longrightarrow \quad +$$

由于氢气的存在，在催化重整条件下，烃类都能发生加氢裂化反应，从而可以认为加氢、裂化和异构化三者是并行反应。

这类反应为不可逆放热反应，反应产物中会有许多较小分子和异构烃，因而既有利于提高辛烷值，又会产生气态烃，因此应该适当抑制此类反应。在工业催化重整的条件下这类反应的速率最慢，只有在高温、高压和低空速时反应才显著加速。

除了以上各种主要反应外，还可以发生叠合缩合反应，也会生成焦炭使催化剂活性降低。但在较高氢压下，可使烯烃饱和而控制焦炭生成，从而较好地保持催化剂的活性。

重整催化剂是一种双功能催化剂，其中铂构成脱氢活性中心，促进脱氢或加氢反应，而酸性载体提供酸性中心，促进裂化或异构化反应。重整催化剂的这两种功能在反应过程中有机地配合，并应保持一定的平衡，否则就会影响到催化剂的活性或选择性。

三、催化重整原料

重整催化剂比较昂贵，且容易被砷、铅、氮、硫等杂质污染而中毒并失去活性，为了保证重整装置长期运行以达到高的生产效率，必须选择适当的原料并进行预处理。

（一）重整原料的选择

重整原料的选择主要有三个方面的要求，即馏分组成、族组成、毒物及杂质含量。

1. 馏分的组成

重整原料的馏分组成要根据生产目的来确定。

不同的目的产物需要不同沸点范围的馏分，这是由重整的化学反应所决定的。重整反应中最主要的芳构化反应一般在 C_6、C_7、C_8 的环烷烃和烷烃中进行，少于 6 个 C 的烃类则不能进行芳构化反应。生产芳烃应选择 60℃～145℃馏分。而少于 5 个 C 的烃类的沸点低于 60℃。若少于 5 个 C 的烃类作为重整原料并不能生成芳烃，只能降低装置的有效处理能力。

对于生产高辛烷值汽油来说，C_6 环烷烃转化为苯后其辛烷值反而下降，因此重整原料应选择大于 C_6 沸点的馏分（初馏分点选择 90℃）。又因为烷烃和环烷烃转化为芳烃后其沸点会有所升高，一般升高 6℃～14℃，所以按汽油馏程的终馏点取 180℃为宜。若终馏点过高，会使焦炭和气体的产率增加，减少液体收率，运转周期变短。

2. 族组成

含较多环烷烃的馏分是催化重整的理想原料，生产中一般把原料中的 C_4 ~ C_6 的环烷烃及芳烃含量称为生产中所能转化芳烃的潜含量。而重整反应所生成油中的实际芳烃含量与原料中芳烃潜含量之比称为芳烃转化率。较理想的重整原料是环烷烃含量高的馏分，这种原料不仅在重整时可以得到较高的芳烃产率，在操作中可采用较大的空速，而且催化剂积炭减少，运转周期延长。

3. 毒物及杂质含量

重整原料中的少量杂质，如砷、铅、铜、硫、氮等，会使催化剂丧失活性，这种现象称为催化剂"中毒"，这些杂质称为"毒物"。原料中的水和氯含量不适当也会使催化剂失活。因此，必须严格控制重整原料中的杂质含量，保证重整催化剂能长期维持高活性。

（二）重整原料的预处理

重整原料的预处理主要包括两部分，即预分馏、预加氢，如果原料中砷过高则还需要预脱砷，有时也需进行脱水处理。

1. 预分馏

预分馏的作用是根据重整产物的要求将原料切割为一定沸点范围的馏分。在预分馏过程中也同时会脱除原料中的部分水分。

根据原油馏程的不同，预分馏的切割方式分为以下三种：

①原油的终馏点适宜而初馏点过低，取预分馏塔的塔底油做重整原料。

②原油的终馏点适宜而终馏点过高，取预分馏塔的塔顶油做重整原料。

③原油初馏点过低而终馏点过高，均不符合要求，则取预分馏塔的侧线产品做重整原料。

2. 预加氢

预加氢的主要目的是除去重整原料中的含硫、含氮、含氧化合物和其他毒物，如砷、铅、铜、汞、钠等以保护重整催化剂。

预加氢是在钼酸钴或钼酸镍等催化剂和氢压条件下，使原油中的含硫、含氮、含氧化合物进行加氢反应而分解成硫化氢、氨和水，然后在气提塔中除去。原料中的烯烃生成饱和烃，原料中的含砷、铅、铜、汞、钠等化合物在加氢条件下分解，砷和金属吸附在加氢催化剂上。

氮原子化合物的脱除速度较脱硫、脱氧慢。加氢进行的深度是以进料中含氮化合物脱除的程度为基准的，若含氮化合物脱除完全则其他对铝有毒的物质可完全除尽。此外预加氢中还会发生烯烃饱和反应和脱卤素反应。

3. 预脱砷

砷是重整原料的严重毒物，重整原料的含砷量要求低于 $1 \sim 2 \times 10^{-9}$。当原料中的含砷量小于 100×10^{-9} 时，可以不经过预脱砷，只需要经过预加氢即可达到允许的含砷量。

例如，我国的大庆原油的重整馏分含砷量高，需预脱砷；而大港原油和胜利原油的重整馏分则不需经过此步骤。

目前工业上使用的预脱砷的方法有吸附脱砷、氧化脱砷和加氢脱砷三种。

4. 脱水

铂铼重整催化剂要求原料中水的含量小于 6×10^{-6}，而上述方法处理过的原料还不能满足要求。为了制备超干的铂铼重整原料，需采用蒸馏脱水。预加氢生成油换热至 170℃进入脱水塔，塔底有再沸炉将塔底油中的一部分加热汽化再返回塔内以提高塔底温度，塔顶中吹入少量循环氢气以提高脱水效果。蒸馏脱水塔的下部液相负荷一般较大，所以设计时应考虑下部扩径。采用蒸馏脱水的同时还应在此步骤后设分子筛吸附干燥以保证进料中水含量小于 5×10^{-6}。

第五节 石油化工

一、烯烃的生产

石油化工是推动世界经济发展的支柱产业之一。低碳烯烃中的乙烯、丙烯及丁烯等因为结构中存在双键，能够聚合或与其他物质发生氧化、聚合反应而生成一系列重要的产物，是“三大合成”（合成树脂、合成纤维及合成橡胶等）的基本有机化工原料，从而在石油化工中有着重要的地位。随着炼油和石油化工行业的不断发展，高品质汽油和低碳烯烃的需求不断增加。随着石油化工行业竞争的加剧，各乙烯厂商在技术创新上加大了力度，改进现有乙烯生产技术，提高选择性、降低投资、节能降耗是乙烯生产技术发展的总趋势。

（一）烯烃生产原料

烯烃生产一般可用天然气、炼厂气、直馏汽油、柴油甚至原油作为原料。在高温下，烃类分子的碳链发生断裂并脱氢生成相对分子质量较小的烯烃和烷烃，同时还有苯、甲苯等芳烃及少量炔烃生成。裂解原料和裂解条件不同，裂解产物也不相同。烯烃生产多使用汽油和柴油馏分。

乙烯原料是影响乙烯生产成本的重要因素，以石脑油和柴油为原料的乙烯装置，原料在总成本中所占比例高达 70% ~ 75%。乙烯作为下游产品的原料，对下游产品生产成本的影响同样显著，如在聚乙烯生产成本中所占比重高达 80% 左右。因此，乙烯原料的选择和优化是降低乙烯生产成本、提高乙烯装置竞争力的重要环节，也是提高石油化工产品市场竞争力的关键。目前，乙烯生产原料逐步向轻质化和优质化方向发展。

（二）烃类热裂解反应原理

烃类热裂解反应十分复杂，已知的化学反应有脱氢、断链、二烯合成、异构化、脱氢环化、脱烷基、叠合、歧化、聚合、脱氢交联和焦化等。按反应进行的先后次序可以划分为一次反应和二次反应。一次反应即由原料烃类热裂解生成乙烯和丙烯的低级烯烃的反应；二次反应主要是指由一次反应生成的低级烯烃进一步反应生成多种产物，直至最后生成焦和碳的反应。

各种烃类热裂解反应的规律：直链烃热裂解易得到相对分子质量较小的低级烯烃，烯烃收率高；异构烃比同碳原子直链烃的烯烃效率低；环烷烃热裂解主要生成芳烃；芳烃不易裂解为烯烃，易发生缩合反应；烯烃裂解易得到低级烯烃和少量二烯烃。

（三）裂解工艺

裂解反应是体积增大、反应后分子数增多的反应，减压对反应有利。裂解反应也是吸热反应，需要供给大量热量。为了抑制二次反应，使裂解反应停留在适宜的裂解深度上，必须控制适宜的停留时间，温度越高，停留时间越短。

目前，工业上一般采用的裂解设备是管式裂解炉，其实质是外部加热的盘管反应器，炉内装有双面辐射加热的单排管炉，这样可以提高炉管受热的均匀性，并可以提高热强度。为了增加炉管数量，通常可采用多组炉管的双室炉，每组炉管由若干炉管（412 根）组成，彼此用 U 形管连接。现代裂解炉侧壁上装有无焰火嘴或炉底装有焰火嘴，原料通过炉管外部明火加热可达 800℃ ~ 1000℃，使原料发生裂解，得到烯烃。一般裂解炉管长为 6 ~ 16 m，直径为 76 ~ 150 mm，材料为 $Cr_{25}Ni_{20}$、$Cr_{25}Ni_{35}$。裂解炉是乙烯生产的关键设备。

图 3-1 是汽油裂解的流程图。

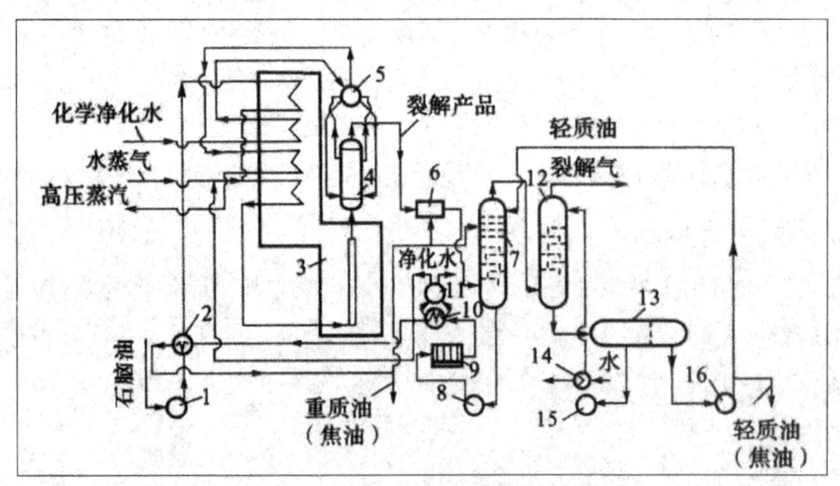

图 3-1　汽油裂解流程示意图

1、8、15、16- 泵；2- 换热器；3- 裂解炉；4- 急冷蒸发器。

5、11- 气包；6- 油喷淋器；7- 初馏塔；9- 过滤器；10- 废热锅炉。

12- 水洗塔；13- 油水分离器；14- 冷却器

汽油进入泵 1 入口，经换热器 2 被循环重质油加热到 80℃ ~ 100℃，然后进入裂解炉 3 的对流室。原料在对流室直接汽化后与稀释水蒸气混合后被加热到 600℃ ~ 650℃，进入裂解炉辐射室。汽油在辐射管中裂解，炉出口温度为 844℃ ~ 870℃，裂解炉出来的产物进到急冷蒸发器 4，以降低温度和终止反应。冷却在急冷蒸发器管内进行，管间是经过化学净化处理的循环水。传递出的热量用于产生高压蒸汽，故急冷蒸发器顶上直接连接气包 5。

裂解产物在急冷蒸发器中冷却到 350℃ ~ 400℃，并进到油喷淋器 6，在这里与循环的重质油混合冷却至 200℃左右后进入有轻质焦油回流的初馏塔 7。在该塔中分离的裂解重油从塔下部用泵 8 抽出，经过滤器 9 到废热锅炉 10(发生蒸汽稀释)，本身冷却后作为急冷油。

从初馏塔出来的气体进入水洗塔 12，焦油和大部分水蒸气在此冷凝，裂解气（产品）从塔顶出来去压缩分离。轻质油和水从塔 12 底部出来去油水分离器 13，分离出的油部分返回塔上部作回流，分离出的水供水洗塔 12 作回流。

（四）裂解炉技术

裂解炉技术是影响乙烯生产能耗和物耗的关键技术之一。

1. 混合元件辐射炉管技术

高性能炉管乙烯裂解炉要求具有良好的热效率并且抗结焦。已经开发出许多抗结焦技术，包括改进内表面或者向进料中添加抗结焦化合物。混合元件辐射炉管技术（MERT）则是采用整体焊接在炉管内的螺旋元件，通过改进炉管的几何形状，导入螺旋流，改变内部流动状况来改善炉管热效率和抗结焦性能。

2.SL 大型乙烯裂解炉技术

目前，乙烯裂解炉的规模继续向大型化方向发展。应用大型裂解炉，可以减少设备台数，缩小占地面积，从而降低整个装置的投资。同时，也可减少操作人员、降低维修费用和操作费用，更有利于装置优化控制和管理，降低生产成本。由中国石化集团和 Lummus 公司合作开发的年生产能力为 0.1 Mt 的大型乙烯裂解炉现已被正式命名为 SL 型裂解炉，这是目前我国单炉生产能力最大的乙烯裂解炉。

3.SRT-X 型新型裂解炉

迄今为止，乙烯工业已设计出采用双炉膛原理的年生产能力为 0.2 ~ 0.24 Mt 的裂解炉。双炉膛方法虽然能提供较高的生产能力，但不能大幅度压缩投资。Lummus 公司依据新的裂解炉设计概念开发了一种 SRT-X 型新型裂解炉。该裂解炉结构发生根本变化，单台裂解炉的年生产能力超过 0.3 Mt(单炉膛)，高能力的裂解炉减少了投资和操作费用，裂解区投资额可减少 10%，该区域的投资约占装置界区内投资额的 30%，裂解区长度也缩短了 35%。

4. 减轻裂解炉管结焦技术

乙烯裂解炉结焦会严重降低产品收率，缩短运转周期，增加能耗。在裂解炉中，焦沉积在炉管壁上并降低从裂解炉到反应气体的传热效率，必须定期清焦，通常采用蒸汽—空气混合控制燃烧法和机械方式除焦。

AIMM 技术公司开发出一种被称为“Hydrokinetics”的先进的管道清洁专有技术。这项技术运用了声波共振原理，与传统的高压水洗、烘烤、化学清洗、打钻、擦洗等清洁方法相比，是一种高效、低成本、更安全的清洁管道污垢的方法。

现有的几种减轻结焦的方法，包括耗资巨大的冶金改进和添加结焦抑制剂的方法，后者有可能对下游设备产生不利影响。最近开发出多种抑制结焦的方法，如在炉管被安装到裂解炉之前涂在辐射盘管上的涂层材料。在裂解炉管的内表面安装一种螺旋式混合元件，改善气体流动行为和热量传递，也是最近提出的一种减缓结焦的技术。

（五）裂解气净化分离

为脱除裂解气中的酸性气体、水分等杂质，在进入深冷分离系统之前需进行净化处理。常采用的分离流程有顺序分离、前脱丙烷和前脱乙烷流程。根据加氢脱炔反应，在脱甲烷塔前或后，又可分为前加氢和后加氢流程。

裂解产物经过急冷温度下降，裂解反应终止。裂解产物呈液态和气态两种形式，液态产物称为焦油，主要含有芳烃和含 C 原子数不少于 5 个的烃类；气态产物主要为氢气、甲烷、乙烯、丙烯、丁烯和相应的小分子烷烃。由于裂解气成分复杂，其中大多数为有用的组分，但也有如 H_2S、N_2、CO_2 等有害成分及微量炔烃和一定量水分，如果不进行分离，很难直接利用。尤其是在合成高分子聚合物时，烯烃的纯度要求在 99.5% 以上，因此必须进行分离。

首先裂解气经过压缩，压力达 1 MPa 后送入碱洗塔，脱去 H_2S、CO_2 等酸性气体并干燥，然后进行各组分分离。分离方法通常有两种。

1. 深冷分离法

有机化工把冷冻温度低于 -100℃的冷冻称为深度冷冻，简称“深冷”。在裂解气分离中就是采用 -100℃以下的深冷系统，工业上称为深冷分离法。此法分离原理是利用裂解气中各种烃类相对挥发度不同，在低温和高压下除了氢气和甲烷外其余都能冷冻为液体，然后在精馏塔中进行多组分精馏，将各个组分逐个分离，其实质是冷凝精馏过程。其步骤是先把裂解气压缩 3 ~ 4 MPa 并脱去重组分 C_5 后，冷冻到 -100℃左右，送入甲烷塔，将甲烷和氢气以外的烃类冷凝液从塔底抽出后再顺序进入 C_2、C_3 等精馏塔，各塔底部均有加热，顶部均有冷冻，通过这样的办法将乙烯、乙烷、丁烯、丁烷及少量 C_5 分离出来。

2. 吸收精馏法

由于深冷分离法耗冷量大，而且需要耐低温钢材，成本高。为了节省冷量，少用合金钢材，把分离温度提高到 -70℃，可采用吸收精馏法。

吸收精馏法用 C_3、C_4 作吸收剂，故又称油吸收分离法。在吸收过程中，比乙烯重的组分均能被吸收，而甲烷、氢气几乎不能被吸收。吸收下来的 C_3、C_4 等烃类再采用精馏法将其逐一分离。所以吸收精馏法实质是中冷吸收代替深冷脱甲烷和氢气的过程，冷冻温

度从 -100℃提高到 -70℃，节约了成本，是吸收与精馏相结合的方法，也称为中冷油吸收法。

与深冷分离法相比，吸收精馏法流程简单、设备少，所用冷量少，需要耐低温钢材少，投资少、见效快，适合组成不稳定的裂解气和小规模生产。缺点是吸收精馏法动力消耗大，产品质量和收率较深冷分离法要低。

二、芳烃的利用

工业上芳烃主要源于煤加工中的煤焦油和石油加工工业中的催化重整石油和裂解汽油，随着石油炼制和石油化工的迅速发展，石油芳烃已占据主导地位。

芳烃是石油化工的重要基础原料，在总数约 800 万种的已知有机化合物中，芳烃化合物约占 30%，其中包括 BTX 芳烃，即苯、甲苯。二甲苯被称为一级基本有机原料。

（一）苯系列

苯为无色液体，有特殊气味，比水轻，不溶于水，沸点为 80.1℃，熔点为 5.5℃。由于苯的特殊结构，苯易发生取代反应，在一般条件下不易发生加成反应和氧化反应，苯的这些特性常称为“芳香性”。

1. 乙苯

乙苯是重要的有机化工原料中间体，绝大部分用来生产苯乙烯，而苯乙烯是生产聚苯乙烯的原料。乙苯是无色透明的液体，沸点为 136.2℃，其挥发气体易燃易爆。

乙苯的工业化生产始于 20 世纪 30 年代，第二次世界大战期间，对合成橡胶的需求急剧增长，促进了乙苯和苯乙烯生产的高速发展。此后，塑料工业对聚氯乙烯的需求日益增长，又进一步促进了乙苯及苯乙烯生产向大型化转化。目前世界上约有 32 个国家和地区生产乙苯，有近 100 套生产装置。我国有万吨级生产能力的乙苯装置 13 套，最大的是扬子—巴斯夫（合资）公司年生产能力 13 万吨的乙苯装置。

乙苯的生产方法有苯、乙烯烃基化合成法和 C_8 馏分精密分馏法两种。

由苯、乙烯烃基化合成乙苯的生产工艺有三氯化铝法、气相分子筛法和液相分子筛法。

2. 环己烷

环己烷为无色易挥发液体，相对分子质量为 84.16，沸点为 80.7℃，相对密度为 0.79，易燃，不溶于水，易溶于有机溶剂。

环己烷是重要的石油化工中间产品之一，主要用来制造己二酸、己内酰胺及己二胺，它们是生产尼龙纤维和树脂的原料，全世界生产的环己烷约 90% 用来生产尼龙 6 和尼龙 66。同时，环己烷还可制造环己胺，并能用作纤维素醚类、脂肪类、油类、蜡、沥青和树脂的溶剂及涂料和清漆的去除剂等。

目前世界上环己烷的生产方法有两种。一是蒸馏法，从石油馏分中蒸馏分离出环己烷。因为环己烷在石油中含量为 0.5% ~ 1.0%，尤其在环烷基原油中含量较多。二是苯加氢法，目前世界上大部分环己烷是通过苯加氢制得的。苯加氢制环己烷生产工艺简单、成本低廉，而且产品纯度高，非常适于合成纤维生产厂的原料生产。

（二）甲苯系列

甲苯为无色易挥发液体，具有芳香气味，沸点为 110.6℃，熔点为 -95℃，不溶于水，溶于有机溶剂。

1. 苯甲酸和苯甲醛

苯甲酸和苯甲醛是甲苯重要的衍生物。苯甲酸，以游离态或以盐、酯的形式广泛存在于自然中。苯甲酸为无色片状结晶，微溶于水，溶于乙醇、乙醚、氯仿、苯、二硫化碳和四氯化碳，沸点为 249.2℃，但在 100℃时能迅速升华。

苯甲酸和它的钠盐是重要的食品防腐剂，苯甲酸还广泛用作医药、染料和香料的中间体，合成树脂的改性剂、增塑剂及钢制品重要防锈剂等，值得一提的是由苯甲酸合成苯酚、已内酰胺、二甲酸等产品的工艺流程已日益受到人们的重视，其技术问题已基本解决，但生产成本和技术经济指标有待进一步改进。

目前世界上生产苯甲酸的方法有甲苯氯化法、邻苯二甲酸酐脱羧法、甲苯氧化法。

苯甲醛纯品是无色、挥发性油状液体，沸点为 179℃，有苦杏仁味，可燃，燃烧后具有芳香气味。苯甲醛微溶于水，能与乙醇、乙醚、苯和氯仿互溶，在 25℃时还能和浓硫酸、液体二氧化碳、液氨、甲胺和二乙胺混合。苯甲醛的主要用途是用作医药、染料和香料的中间体，是生产晶绿（孔雀绿）、月桂酸和月桂醛的重要原料。

目前世界上苯甲醛生产主要采用甲苯氯化水解法和甲苯直接催化氧化法。

2. 硝基甲苯

硝基甲苯的分子式为 $C_7H_7NO_2$，相对分子质量为 137.136。硝基甲苯的几种异构体分别为邻硝基甲苯、间硝基甲苯和对硝基甲苯。

邻硝基甲苯为黄色透明油状液体，具有苦杏仁味。纯品凝固时生成两种不同形态的结晶：α - 晶型（不稳定），为透明针状晶体；β - 晶型（稳定），为不透明晶体，能溶于多数有机溶剂，如乙醇、乙醚、氯仿和苯等，微溶于水。

间硝基甲苯低温下为晶体，常温下为黄色透明油状液体，易溶于乙醇、乙醚和苯，微溶于水。

对硝基甲苯为黄色正交型晶体，微溶于水，能溶于大多数有机溶剂，如乙醇、乙醚、氯仿、苯、四氯化碳等。

硝基甲苯主要用途是作为合成染料、医药、化学助剂等的中间体，对硝基甲苯用得最多的是生产甲苯二异氰酸酯。

邻硝基甲苯还大量用于制造邻甲苯胺，是生产还原桃红 R 和硫化蓝 BRN 的中间体。邻甲苯胺再次硝化生成大红色基 G。邻甲苯胺经氯化和还原反应，可制成水果红色基 KB。邻甲苯胺又可作为制农药的原料。

对硝基甲苯经还原得到对甲苯胺，是合成酸性媒介艳绿 GS 和黄色硫化染料的原料。

对硝基甲苯还可用于生产消毒防腐药雷佛奴耳等。

间硝基甲苯经还原得到间甲苯胺，是生产 X 型活性黄和直接耐晒黄 RS 等染料的中间体，也是彩色胶片显影剂 CD-2、CD-3 的主要原料。

生产硝基甲苯的主要原料有甲苯、硫酸和氢氧化钠。工业上生产硝基甲苯均以甲苯为原料，用硝化剂经硝化反应而得邻、间、对三种异构体的硝基甲苯。产物中邻、间、对三种异构体比例为 60 ∶ 4 ∶ 36。

硝化是指有机化合物分子中的氢原子或基团被硝基取代的反应。主要硝化方法有直接硝化法和间接硝化法两种。

（三）二甲苯系列

二甲苯为无色透明、易挥发液体，有芳香气味，有毒，不溶于水，溶于有机溶剂。二甲苯在性质上与苯相似，可被 $KMnO_4$ 溶液氧化。

1. 邻苯二甲酸酐

邻苯二甲酸酐俗称苯酐，常温下为无色针状或小片状斜方或单斜晶体，易燃。工业品为白色片状或熔融状态，闪点（开杯）为 152℃，燃点为 584℃，沸点为 284℃。有升华性和特殊轻微的刺激性气味。

邻苯二甲酸酐是重要的有机化工产品和二次加工的原料，有 60% 以上用于制造聚氯乙烯增塑剂，30% 用于制造不饱和聚酯树脂和醇酸树脂，从中可制得涤纶纤维和薄膜。其余 10% 则用于油漆、染料、医药和农药生产。

目前世界上邻苯二甲酸酐工业生产流程有固定床气相氧化法、流化床气相氧化法及液相氧化法。而过去采用的萘等为原料的液相氧化法、流化床气相氧化法和萘固定床气相氧化法绝大部分已经被淘汰，取而代之的是以邻二甲苯为原料的固定床气相氧化法，占世界总生产能力的 85% 以上。

2. 对苯二甲酸

对苯二甲酸是白色针状或无定形的固体，不溶于水和普通有机溶剂，受热不熔化，在 300℃以上升华。

对苯二甲酸（PTA）主要用作聚酯原料。聚酯用来生产纤维、薄膜和热塑性塑料。聚酯薄膜（25 ~ 400 μm）用于录音、录像的磁带及电影胶片、电气绝缘和包装用品的制造。少量对苯二甲酸用作除草剂、黏合剂、印刷油墨、涂料和油漆的中间体，也被用作动物饲料的添加剂。

对苯二甲酸又是聚对苯二甲酸对苯二胺纤维（芳纶Ⅱ）的原料，而芳纶Ⅱ是一种高模量高强度纤维，在宇航工业中具有重要用途。

第四章 化工本质安全与化工过程强化

第一节 化工本质安全概述

一、本质安全化理念的产生与发展

化工行业事故多发的现状促进了化工安全科学的研究，大量的安全理论和安全技术在近年来蓬勃发展。传统的安全管理方法和技术手段通过在危险源与人、物和环境之间的保护层来控制危险。保护层包括对人员的监督、控制系统、警报、保护装置及应急系统等。这种依靠附加安全系统的传统过程安全方法和手段起到了较好的效果，在一定程度上改善了化学工业的安全状况，但是通过这种方法保证安全也存在很多不利之处。首先，建立和维护保护层的费用很高，包括最初的设备投入、安全培训费用及维修保养费用等；其次，失效的保护层本身可能成为危险源，进而导致事故的发生；最后，因为危险依然存在，保护层只是抑制了危险，可能通过某种人们尚未认识到的诱因就会引发事故，增加了事故发生的突然性。

所以，人们迫切需要发展新的安全手段，在确保经济效益的同时，尽可能在源头消减危险。如何从系统周期的最起始端——设计阶段达到“本质”上的安全化引发了研究者的关注。

二、本质安全化评价方法及指标体系

在化工过程领域中，工艺流程的选择是初期设计中的一个关键问题，“本质安全”的工艺方法能起到减少和控制风险的效果。然而就目前来说，绝对的本质安全是不存在的，因此人们就需要寻找合适的方法来评价每个过程中本质安全化的程度，把安全、健康及环境的影响进行量化，描述这些的指标可以包括温度、压力、屈服强度及工作介质等多个方面。当前，国内外从事这一领域的研究者较多，但多以定性研究为主，定量研究的成果相对较少，其中具有代表性的化学工艺过程本质化安全分析的方法主要有以下几种：

① PIIS(Prototype Index of Inherent Safety) 法，主要目的是对化工工艺过程路线选择的评价，对每个指标给定安全系数，优点是对较容易获得信息的指标进行分析，最后得出

安全系数之和。这种方法应用比较广泛，但没有综合考虑化工过程的安全、环境与职业健康，评价简单化。

② ISI（Inherent Safety Index）法，这种方法是在 PIIS 指标基础上发展而来的，扩大了本质安全指标的范围，对过程的把握更加全面，实施需结合化工事故统计数据、专家经验及专业技术分析。但这种方法对指标权重和等级的划分比较主观，所得结果可能产生较大差异，可比性不佳。

③ SHE（Safety，Health and Environmental）评估方法。

④ IISI（Integrated Inherent Safety Index）法，这种方法结合了 HI（Hazard Index）和 ISPI（Inherent Safety Potential Index）的优点来进行化工工艺过程本质安全化量化计算。它将本质安全的应用程度转换成指标形式，来评价过程的本质安全性，能够较为直观地显示本质安全化原理的应用对过程的影响。相比 PIIS、ISI 及 SHE 等孤立的指标结构是一个明显的进步。

近几年来，又有很多本质安全的评价方法和指标陆续推出，如 ISIM、TRIZ、IBI、PRI 等，这些方法各具特色，在多个方面逐步推进和完善了本质安全化评价的理念和可操作性。

第二节　本质安全化设计策略

众所周知，本质安全化的化工过程设计由不同的部分组成，所以，化工工程开发中本质安全化效果要达到最优，一般最常用的方法是分步设计法。由于化学品储存、能量释放、温度和压力等是化工厂生产过程中最主要的危险因素，因此采取衰减限制、强化替代等措施处理这些危险因素，能够有效降低甚至达到消除化工过程中危害的目的。

一、设计原则与等级

本质安全化的化工过程设计原则包括替代、强化、限制、简化、缓和及影响，而强化又包括最小化与消除。同时各种原则可应用于不同的危险类型，能够实现不同的本质安全化效果。另外，就等级而言本质安全化设计包括距离防护、消除和减少危险。

首先，距离防护指为人或其他装置与危险源之间设置足够的安全距离或设备来进行防护，也就是限制影响，但设计初期无法实现作为布局设计的考虑内容。其次，减少危害，即危害无法消除时降低危险程度，根据不同表现形式分为减少危险发生的概率和后果。前者是通过强化生产设备、消除不必要的安全防护措施，达到减少“多米诺效应”及人为失误、简化化工过程的目的；后者指缓和过程操作条件或减少物质储量等，即缓和、强化与替代。最后，消除危险是指将危险物质消除或用另一种无害物质替代等，但要注意避免引进新的危害以保证最佳的本质安全化设计效果。

二、本质安全化的化工过程设计策略

本质安全化的化工过程设计策略有以下几种：

（一）可行性分析

所谓可行性分析，即通过对国家职业卫生和安全生产法律法规的贯彻执行，促进项目实现本质安全，尤其是项目选址的确立，要综合考虑地形地质、气象水源及周边环境等因素，以避免周边环境与项目间产生制约关系。

（二）工艺探索

通过相关工艺处理原料转化为产品的过程即化工过程，而在化工过程中化学反应占据着核心位置，所以化学反应工艺设计在系统集成中具有本质的重要性。从一定程度分析，对化工过程中本质安全性起决定性作用的是反应系统。具体来说，原料路线、反应条件及路线是化工工艺体现本质安全的关键，尤其是加深对化学反应本质过程的危险性探析，比如爆炸范围、评估化学活性物质危险性、预测反应放热等。

首先，反应物选择。借助化学品理化特性数据库，将可燃、有毒或高毒的物质用不易燃、无毒或低毒的物质替代，来限制或减少危害。其次，反应条件。通过新工艺路线应用规避产生危险的中间产物或危险原料，或用催化剂等有效化学剂来降低副反应危害，以改善条件苛刻度。最后，反应路线。通过各种试验优化过程工艺，促使反应介质浓度和温度压力降低，从而缓和反应条件。

（三）概念设计

概念设计阶段，设计要侧重降低过程环境影响和实现经济最优。随着社会经济的快速发展，人类越来越重视安全问题。为此，化工生产过程既要达到上述目的，也要加强过程本质安全化设计的研究。首先，库存设置。运用物料衡算工具减少或限制中间储存设施量，达到消减库存的目的。其次，流程安全性。利用流程模拟软件不断模拟优化流程，以实现流程的优化简化。最后，能量释放。通过对化工过程反应热转移与机理和动力学三者关系的分析，采取稀释、连续过程或将液相进料用气相进料取代等，尽量缓和剧烈反应，减少热危害。

（四）基础设计

基础设计阶段以生产装置形式设计为主，一般是通过提高设备可靠性实现本质安全提升。而该阶段应充分考虑对新型设备和技术的应用，以实现对设备大小合理调整的目的，从而避免储存于设备内的能量物料大量向外释放腐蚀性，或减少危险物料量的外泄，同时要确保设备不会因腐蚀导致可靠性降低，必须合理考虑防范措施和设备材质的选择。

（五）工程设计

工程设计阶段要以上一阶段设计内容为基础，一方面增加对定型设备规格型号、材质及零部件等要素详细说明的清单，另一方面需要设计装配制造非定型设备的加工图，包括设备平面和立面的布置图、装置安装施工流程图，以及带控制点的管线流程图等。

本质安全化的化工过程设计并非纯单向的，各阶段均能评价前一阶段工作状态。一旦发现失误或缺陷，就必须返回重新研究和修正上一阶段，即通过不断地重新设计，充分保证设计方案的合理性、科学性。

第三节　本质安全化的化工过程设计方法

一、化工过程多稳态及其稳定性的量化表征

（一）化工过程的多稳态特征

描述化工过程的动态方程，即状态变量对于时间的常微分方程组，通常具有多个稳态解。稳态解是指动态系统中使系统变化率为零的操作点。根据稳态点在扰动后是否能够回复到之前稳态操作点的动态特性，可以将稳态操作点划分为稳定的稳态操作点和不稳定的稳态操作点。Seider 等强调了化工过程设计中对系统非线性特性分析的重要性。袁其朋等人研究了固定化酵母粒子中生产乙醇的定态分岔行为，找到了该过程的多个稳态解。Balakotaiala 等人用分岔理论分析了简单全混釜的多稳态特性。Razon 等人在综述了化工反应系统中的多态及不稳定特性的基础上，在研究中也观察到在简单连续搅拌釜反应器中存在多稳态解和周期振荡现象。Monnigmann 等人提出了针对强非线性过程提高系统稳定性的优化设计方法，并将该方法用于醋酸乙烯酯聚合过程、甲苯加氢脱烷基化过程及混合悬浮混合排料（MSMPR）结晶过程。Meel 等人在研究多目标优化的设计方法中也指出在反应系统中存在多稳态解的现象。Marquardt 等人提出了非线性动态过程构建方法（CNLD），并将该方法用于色氨酸合成过程。Lemoine-Nava 等人利用非线性分岔分析方法分别对苯乙烯自由基聚合反应器进行了分析，对控制系统的设计给出指导建议，同时也对聚亚安酯釜式反应器的开环系统进行了研究，讨论了系统的多稳态特性。Katariya 等人通过分岔分析确定合成甲基叔戊基醚（TAME）的反应精馏过程中存在多稳态，指出进料状态和 Damkohler 数的变化是产生多稳态的原因。Mancusi 等人进行了工业合成氨反应器的多稳态研究，揭示了合成氨反应器在一次操作中压力减小造成持续震荡进而引发事故的机理。除了定性地判断化工过程稳态操作点的稳定性之外，还需要对多个稳定的稳态操作点定量描述它们的稳定性。针对这个问题，从稳定的稳态操作点遇到扰动后的动态响应特性来定量描述：稳定的稳态操作点能够承受的最大扰动范围，稳定的稳态点在扰动后回复到之前操作点的速率。

（二）稳态操作点的稳定性表征

通常情况下，化工过程中稳定的稳态操作点在遇到小的扰动之后，随着时间的推移能够回复到扰动之前的稳态操作点。但是，随着扰动逐渐增大，当增大到某一个特定值后，稳定的稳态点就无法再回复到扰动之前的稳态操作点。因此，研究化工过程稳定的稳态解能够承受的扰动范围，提出抗扰动能力指数，定量表征稳定的稳态解对扰动的承受能力，可以为进一步设计本质安全化的化工过程提供依据。

除了能够承受的最大扰动范围不同外，稳定的稳态点在遇到扰动后，回复到扰动之前的稳态点的速率也不相同。即使距离很近的两个稳定的稳态操作点，在扰动下的回复速率差别也很大，即回复到扰动之前的稳态操作点所需要的时间差别很大。因此，在化工过程设计中，优先考虑扰动后回复速率较快的操作点作为设计方案中选择的操作点。

在化工过程设计中，为了精确地比较不同稳定的稳态点的稳定性，需要量化表征稳定的稳态操作点在上述两方面的特性。对于已有的多个稳定的稳态操作点，量化表征后的稳定性指数可以为多目标优化设计提供基础。

化工过程的动态系统方程：

$$\frac{\mathrm{d}x}{\mathrm{d}t}=F(x)$$

$$x(0)=x^{*}+\Delta x$$

式中：x^{*}——系统稳定的稳态解。

Δx——系统遇到的扰动。

稳定稳态点所能承受的最大扰动范围（RI）的量化表征的一种构造方法如下：

$$RI=\frac{\max\left(\Delta x^{+}\right)+\max\left(\Delta x^{-}\right)}{x^{*}}$$

式中：$\Delta x^{+}\leqslant x^{*}$，$\Delta x^{-}\leqslant x^{*}$，$\Delta x^{+}$和$\Delta x^{-}$——分别是系统所能够承受的正向扰动和系统所能够承受的负向扰动。

用SI表示稳定稳态点在扰动后回复原来操作点速率的大小，一种构造SI的表达式如下：

$$SI=\left|\frac{\prod_{i=1}^{n}\lambda_i}{\sum_{i=1}^{n}\prod_{j=1\,j\neq 1}^{n}\lambda_i}\right|$$

式中：λ_i——动态方程组雅可比矩阵在稳定的稳态操作点处的特征值。

将RI和SI归一化，定义稳定性指标为QI，构造QI的表达式如下：

$$QI=\min\left(RI_{\text{normalized}},\ SI_{\text{normalized}}\right)$$

通过设计的QI，可以量化表征不同稳定的稳态点的稳定性，从而为多目标优化提供依据。综合考虑经济性和稳定性两方面的因素，需要进行多目标优化设计。确定化工过程动态系统中稳定的稳态点的稳定性的表征方法之后，相应的优化设计具体步骤如下：

①求解动态系统的所有稳态解。

②判断系统稳态解的稳定性，划分出稳定稳态解区域和非稳定稳态解区域。

③对于稳定的稳态解区域内的操作点，计算 *RI*：*RI* 越大，能够承受的扰动范围越大。

④对于稳定的稳态解区域内的操作点，计算 *SI*：*SI* 越大，遇到扰动后收敛速率越大。

⑤将 *RI* 和 *QI* 归一化，计算稳定稳态解对应的 *QI*。

⑥基于 *QI* 建立多目标优化方程，求解计算优化方案。

在化工过程设计中，通过对操作点稳定性的量化表征，在化工过程设计阶段充分考虑系统的稳定性，选择能够承受较大范围扰动，同时在遇到扰动之后能够迅速回复的稳定的操作点作为优化设计方案。

二、化工过程中的奇异点及相应的设计方法

化工过程中存在复杂的非线性动态特性，除了多稳态现象之外，在特定的操作条件下系统还会自发产生持续的振荡现象，振荡现象在连续发酵过程中报道较多。

微生物发酵过程是复杂的生化反应过程，常产生多稳态、自发持续振荡等现象。应用数学方法对此类问题建模并分析其解的渐近性态，探讨发酵过程的优化控制等问题一直都是人们关注的研究方向。

化工过程的本质安全化设计是一个复杂的工程问题。将操作点的稳定性作为化工过程本质安全化设计的一个重要考虑因素，量化表征稳定的稳态点的稳定性，通过多目标优化，最后找到能够承受较大扰动范围，同时遇到扰动能够快速回复的化工过程操作点。特别针对可能存在的振荡现象，提出相应的奇异操作点的规避方法。我们通过对两个连续发酵过程的研究，发现了这种方法对于规避可能产生振荡现象的操作点的有效性。

综上所述，使用本质安全化的化工过程设计方法，可以设计出本质上具有在不确定因素扰动下仍能维持稳定运行特性的化工过程，进而从源头降低生产中事故发生的概率，提高化工过程的安全性。

第四节　石油化工装置本质安全设计

石油化工行业是国民经济的基础产业，也是物理性、化学性、生物性、心理性和生理性及行为性显在或潜在危险、有害因素聚集的行业。随着高密度、高参数、高能量、高风险的石油化工装置的出现，石油化工行业的事故及其隐患也随之增多，事故的灾害性、意外性、突发性和社会性更大。基于石油化工装置的上述特点，一种全新的超前预防事故的安全理念随之产生，即本质安全。设计手段使生产设备或生产系统本身具有安全性，即使在误操作或发生故障的情况下也不会造成事故，具体包括失误安全和故障安全两种安全功

能。本质安全设计的目标：采用物质技术手段，预防生产安全事故，尤其是防止重特大事故和类似事故重复发生；即使发生事故，人员也能免遭伤害或能安全撤离，最大限度地减轻事故的严重程度。因此，石油化工装置本质安全设计具有重要的理论和现实意义。

石油化工装置本质安全设计不同于传统的过程控制设计，它是以安全系统工程为理论基础，以危险、有害因素辨识为前提，安全评价为手段，风险预控为核心，事故致因理论为指导的集科学性、系统性、主动性、超前性于一体的贯穿于石油化工装置可行性研究、初步设计、施工图设计等全过程的现代设计方法。根据石油化工装置设计、施工和运行管理等，对石油化工装置本质安全的设计原则、设计程序和设计方法进行探讨，以期为石油化工装置本质安全设计提供一种指导性的思路和实用性的方法。

一、本质安全的设计原则

自 20 世纪 50 年代本质安全理论诞生以来，大致经历了经验、制度和预控三个阶段。预控即本质安全阶段，是安全管理的最高阶段，其基本的原理是运用风险管理技术，采用技术和管理综合措施，以管理潜在风险源来控制事故，从而实现一切意外和风险均可控的目标。本质安全设计是实现该目标的主要前提和保证。本质安全设计是从项目规划、工艺开发、过程控制等源头消除或降低危险、有害因素，从而实现安全生产的目的，因此，必须遵守以下设计原则：

（一）安全第一、预防为主的原则

以人为本、安全第一是本质安全设计的最高目标。生产和安全相互依存，不可分割。离开生产活动，安全就失去了意义，没有安全保障，生产就不能顺利进行。安全和生产的辩证关系要求石油化工装置本质安全设计过程中必须执行有效性服从安全性的原则。

有效性是装置正常运行时间占总时间的百分比。任何装置都不能排除出现故障的可能性，本质安全装置也不例外，关键是在故障出现时，是否具有诊断、定位、排除和报警的功能。为了提高有效性，本质安全装置必须具备容错和诊断功能，以减少停车时间。为此，应在设计中采用分散和冗余技术。分散包括本质安全装置各组成单元的结构分散、设备物理位置分散、控制系统信号采集点来源分散和网络分散等。冗余包括装置结构化及其数量冗余、控制系统冗余、通信模件冗余、连接介质冗余和电源冗余等。容错是提高装置有效性的重要手段，容错是指装置在出现故障时仍能继续工作，同时又能查出故障的能力。容错包括三种功能：故障检测、故障鉴别、故障隔离。冗余、容错、重化结构装置的配置，在提高装置安全性和诊断覆盖率的同时，也提高了装置的有效性。有效性虽不影响系统的安全性，但装置的有效性低可能会导致装置和工厂无法进行正常生产。

系统安全是指在系统整个生命周期内，应用系统安全工程和管理方法，识别系统中的危险源，定性或定量表征其危险性，并采取控制措施使其危险性最小化，从而使系统在规定性能、时间和成本范围内达到最佳的安全的程度。安全度是装置在规定条件下、规定时间内完成规定功能的概率，其量化指标为安全完整性目标测量值，其值越小，安全度越高。安全性针对过程的两个方面：过程问题和系统故障。装置安全性是组成系统各环节安全性的乘积。要提高装置的安全性，必须同时提高组成装置的各环节的安全性，具体就是选用高安全性的工艺流程、设施、设备、监视控制系统和各种防护措施等。

安全是相对的，危险是绝对的。危险是系统处于容易受到损害或伤害的状态，常指危险或有害因素。有害因素是指能对人造成伤害或对物造成突发性损害的因素，主要是指客观存在的危险，有害物质或能量超过一定限值的装置、设备和场所等。安全是指系统处于免遭不可接受危险伤害状态，其实质就是防止事故，消除危险、有害因素存在的条件。本质安全设计以危险源辨识为基础，以风险预控为核心，以管理人的不安全行为为重点，以切断事故发生的因果链为手段，旨在从过程设计、工艺开发等源头消除或降低危险源。采取的方案有原料替代、能量控制、工艺方案选择、本质安全评价等。

（二）设备技术优先原则

安全和危险是一对互为存在的概念，安全度和危险度分别是这对概念的定性和定量的度量。人的操作和管理失误、设备故障、意外因素等引发事故是不可避免的。大量事故和试验证明，人的失误率相对较高，以百分计。而设备的失误率（故障率）较低，以千分计、万分计。经过特别、专门技术的设计和加工，设备的失误率可低于十万分之一或更低。因此，创造失误率很低的物质技术条件来保障安全生产，就成为必然的选择。要保障安全生产，工艺技术、工具设备、控制系统和建筑设施等应具有预防人为失误和设备故障引发事故的功能，最低也要做到即使发生事故，人员不受伤害或能安全撤离，以降低事故的严重程度，这就是本质安全设计的设备技术优先原则。

（三）目标故障原则

事故是指造成人员死亡、伤害、职业病、财产损失或其他损失的意外事件。造成事故的根本原因是存在危险有害物质、能量和危险有害物质、能量失去控制的综合作用，并导致危险有害物质的泄漏、散发和能量的意外释放。故障是功能单元终止执行要求功能的能力，根据表现形式可分为显形故障和隐形故障。显形故障是指能够显示自身存在的故障，属于安全故障。隐形故障是指不能显示自身存在的故障，属于危险故障。危险故障是使本质安全系统处于危险并使其功能失效的潜在故障，隐形故障一旦出现，可能使生产装置陷入危险。本质安全系统的设计目标就是使系统具有零隐形故障，并且尽量少地影响有效性的显形故障，从而实现装置生产的零事故。

（四）故障安全原则

故障安全包括失误安全和故障安全。失误安全是指失误操作不会导致装置事故发生或自动阻止误操作的能力。故障安全即为设备、设施、工艺发生故障时，装置还能暂时正常工作或自动转变为安全状态的功能。冗余、容错、重化是实现故障安全的本质安全设计方法。危险源识别、风险评价、设计对策是实现故障安全的重要程序和内容。

（五）安全性、有效性、经济性综合原则

有效性和安全性的目标是矛盾的，有效性的目标是使过程保持运行（安全—运行），而安全性的目标是使过程停下来（安全—停车）。提高安全性必然降低有效性。经济性综合原则就是根据装置运行要求、工艺特点，在满足设计安全等级的前提下，尽量提高装置的有效性，以减少装置的无谓停车，提高生产的经济效益。提高装置的有效性和安全性，必然增加装置的成本开销。多余的冗余及富余的安全等级是一种浪费。科学的设计方法就是根据实际的生产过程，选择合理的系统冗余度。对于不是很重要的过程，可以牺牲一些系统安全性来提高项目的经济性和系统的有效性，而在主要的、高危的生产过程中则采用较高冗余度，以确保生产的安全平稳。在安全和经济发生冲突时，必须执行安全第一的原则。

二、本质安全的设计程序

石油化工装置的设计一般分为可行性研究、初步设计、施工图设计等阶段，因此石油化工装置的本质安全设计也应分步进行，以提高装置本质安全水平。石油化工装置的本质安全设计不是纯单向的，每一个阶段都会对前一个阶段的工作进行评价，如发现不足和错误，则返回前一个阶段重新研究并进行修正，再重新设计，直到设计方案符合装置本质安全要求。

整体本质安全生命周期各阶段目标：①可行性研究阶段，开发或选择工艺流程及其环境，以激活其他本质安全生命周期活动。②整体定义阶段，确定装置和单元控制边界，定义危险和风险分析的范围。③危险和风险识别阶段，在可预见的环境中，包括故障条件和误用，对装置及其系统进行所有操作模式下的危险和风险评估，评估导致危险事件的结构及其风险。④整体安全要求阶段，根据装置本质安全系统及其辅助本质安全系统和外部风险降低系统的安全功能要求，开发整体本质安全要求规格书，以达到要求的功能安全。⑤安全要求分配阶段，分配安全功能到指定单元系统及其辅助系统，外部风险降低设施，并给每个安全功能单元分配安全系数。⑥操作和维护，安全确认，安装和试运计划阶段，开发装置安全系统的操作维护计划，以确保在操作维护期间，保持要求的功能性安全，开发一个计划以方便装置安全系统的整体安全确认，以可控的方式开发装置安全系统的安装、试运计划，以得到要求的功能性安全。⑦装置安全系统（实现）阶段，创建符合装置安全要求的装置安全系统（包括人、机、料、法、环 5 个方面的安全功能要求和安全完整性要求）。⑧辅助安全系统（实现）阶段，创建辅助安全系统，以满足安全功能要求和安全完整性要求。⑨外部风险降低设施（实现）阶段，创建外部风险降低设施，以满足本质安全功能要求和安全完整性要求。⑩整体安装、试运阶段，安装和试运装置安全系统。⑪整体安全确认阶段，按照整体本质安全要求，考虑分配到各个单元安全系统的安全要求，确认装置安全系统整体安全要求规格书。⑫整体操作、维护和维修阶段，运行、维护和维修装置安全系统，以保持要求的功能性安全。⑬整体修改和优化阶段，确保在修改和优化过程之后，装置安

全系统的功能性安全是适当的。⑭系统退役和处置阶段，确保装置安全系统的功能性安全在退役或处置过程中是适当的。

三、本质安全措施的设计方法

石油化工装置的本质安全设计，是建立在以物为中心的风险预测和事故预防技术基础上的设计理念，强调先进的设计技术、本质安全措施是保障生产安全、预防操作失误、降低装置风险的有效途径。为了实现故障安全，石油化工装置往往采用多重安全防护措施。这些措施不仅包括直接安全技术措施、间接安全技术措施、指示性安全技术措施，而且也包括当这三种措施仍不能避免事故和危害发生时所采用的安全管理防护措施等。

石油化工装置的主要危险源有易燃易爆性物质、有毒性物质、腐蚀性物质等的生产、储存；设备、设施缺陷；高温、低温；高压；能量意外释放等。根据安全防护等级的层次结构，分别采取消除、替换、强化、弱化、屏护、时空隔离、保险、连锁冗余设计、警告提示等措施。措施的最佳组合，可有效消除或降低装置事故的发生。

（一）可行性研究阶段

可行性研究阶段，主要通过贯彻安全生产的法律法规、技术标准及工程系统资料，实现项目本质安全的总体布置。

（二）初步设计阶段

初步设计阶段主要对总图布置及建筑物的危险、有害因素进行辨识，实现项目选址和厂区平面布置的本质安全。在选址时，除考虑建设项目的经济性和技术的合理性，并满足工业布局和城市规划的要求外，在安全方面应重点考虑地质、地形、水文、气象等自然条件对企业安全生产的影响及企业与周边地区的相互影响。在满足生产工艺流程、操作要求、使用功能需要和消防及环境要求的同时，主要从风向、安全防火距离、交通运输安全及各类作业和物料的危险、有害性出发，确定厂区平面布置，并着手装置的工艺流程设计。

（三）施工图设计阶段

施工图设计阶段就是在选定工艺流程的条件下，进行设备选型、管道走线、控制方案及控制设备等的设计。设备包括标准设备、专业设备、特征设备和电气设备等。在选用生产设备时，除应满足工艺功能外，应对设备的劳动安全性能给予足够的重视，保证设备按规定使用时不会发生任何危险，不排放超过标准规定的有害物质；尽量选用自动化程度、本质安全程度高的生产设备。选用的锅炉、压力容器等特种设备，必须由持有安全、专业许可证的单位进行设计、制造、检验和安装，并应符合国家标准和有关规定的要求。物料的腐蚀性在这一阶段应重点考虑，为保证不因设备腐蚀造成可靠性的下降，应充分考虑设备材质和防腐措施。

第五节　化工过程强化

近年来，化工发展的一个明显趋势是安全、清洁、高效的生产，其最终目标是将原材料全部转化为符合要求的最终产品，实现生产过程的零排放，减少对环境的污染。想要达到这一目标，既可以从化学反应本身着手，通过采用新的催化剂和合成路线来实现，还可以从化学工程出发，采用新的设备和技术，通过强化化工生产过程来实现。

化工过程强化，即通过技术创新，改进工艺流程，提高设备效率，使工厂布局更紧凑，单位能耗更低，三废更少。过程强化是国内外化工界长期奋斗的目标，也是化学科学和工程研究的主要成果之一。

一、过程优化

某化工产品生产过程中，有大量的氮，*N* - 二甲基乙酰胺（DMAC）随废气排出，这些废气目前国内外有两种回收工艺。一是有机溶剂萃取回收法，得到含量较高的 DMAC 和萃取剂三氯甲烷，萃取剂可循环利用。三氯甲烷是有毒物质，萃取 DMAC 后不可避免地在废水中有一定量残余，造成对水质的污染，因此从根本上并没有解决问题。二是水吸收精馏法，有鲜明的优点，设备投资省、操作简单；同时缺点很明显，即能耗大，动力成本较高。如何实现低能耗操作、降低精馏成本，是大家普遍关注的问题。

利用日益完善的测定技术补充可靠而精确的气液相平衡数据，为提高分离过程操作条件控制的精确性提供了基础。实验采用双循环小型气液平衡釜，测定常压下 DMAC- 水二元气液平衡数据，用面积检验法校验所测定气液平衡数据的热力学一致性。以测定的气液平衡数据为基础，编写计算机程序关联 Wilson 方程和 NRTL 方程中的模型参数，通过关联误差对比，对 DMAC 组分的平均偏差为 0.032，平均相对偏差为 0.131，最大偏差为 0.0918。NRTL 方程程序法关联结果，对于 DMAC 组分的平均偏差为 0.043，平均相对偏差为 0.162，最大偏差为 0.1109。Wilson 模型关联结果实验值和计算值平均相对误差最小，拟合度较好，因此 Wilson 方程较适宜该体系气液平衡数据的关联计算。

二、化工过程强化的重要手段—数值模拟研究

随着计算机应用的普及，计算机模拟技术在各个领域中得到了迅速发展。近年来，根据环保方面的要求，如何改进硫黄回收装置的操作，减少尾气排放的二氧化硫，已经成为一个重要课题。

用计算机对克劳斯硫黄回收装置的运行过程进行数学模拟，能定量地描述各操作参数对装置运转情况的影响，经对比、分析、优化，筛选出最佳工艺操作条件，从而改进操作，为

装置的运行分析快速提供一些基础的数据，以便对操作进行优化，提高整个装置运行的效率。

同时，针对克劳斯硫黄回收装置的特殊工艺要求，设计并实现该装置中反应炉和转化器、冷凝器、废热锅炉和再热炉负荷性能的模拟，并得到相应的负荷性能图，从而寻求最佳方案来完成设备的选型，并编制出反应炉和转化器、冷凝器、废热锅炉及再热炉的尺寸外形图程序，定量地描述各操作参数对装置运转情况的影响，改进操作，降低尾气硫含量，并对改建、扩建和新建装置提供一些参考意见，最终实现环境保护和硫黄回收的双赢。该程序也可对改建、扩建和新建装置提供一些参考意见，从而改进操作、降低尾气硫含量、大大地减少工厂的设计和操作成本。

三、化工过程强化方法上的支持—计算软件设备

计算软件设备为化工过程强化提供了方法上的支持，以规整填料塔计算机辅助设计计算软件为例，目前这类计算软件很多，但是都存在较多问题。另外，对于填料的适宜操作区还没有形象、直观的表示方法。而规整填料塔的负荷性能图及可行稳定域，则可以形象直观地表示出各种流体力学限制条件和填料的适用程度。

开发适用于各种规整填料的工艺计算方法，研究各种规整填料负荷性能图的流体力学限制条件的表示方法，并绘制在形式上与板式塔类似的规整填料塔负荷性能图和可行稳定域，对目前国内外广泛应用的规整填料塔流体力学计算模型进行了搜集整理，用修改单纯形算法对一些流体力学经验图表进行了回归，提出了新的关联式模型。

SDSSP 软件结构合理、模型可靠，可用作设计方案评价，也可准确、快速地预测各种新型规整填料的初始设计值和流体力学性质；通过负荷性能图的绘制对填料操作的合适范围有定量、形象、直观的表示，是解决旧塔改造、扩大生产能力、研究应用各种内构件等的有力工具。

第六节 过程强化的本质安全

过程强化是开发本质安全化工过程和工厂的一个重要策略。通过减少有害物质的存量或过程中的能量，有害物质或能量失控引起的可能后果就会减少。工厂的安全是基于减少可能损害的大小，而不是依赖于附加的安全方法，如联动装置、规程和事故后果减缓系统。虽然安全装置可以设计得高度可靠，但是没有安全装置是完美的，都存在一个有限的故障概率。如果化工厂包含大量的有害物质或能量，附加的安全装置发生故障引起的后果可能是巨大的。体积小的装置或工厂更安全，因为体积小会减少引起损害的内在能力，而不是通过附加的安全装置来控制引起损害的内在能力。

一、过程安全的保护层

化工过程的安全有赖于多个保护层来保护人、环境和财产免于过程相关的危害。过程设计人员认为，设备会发生故障，操作人会犯错误。虽然可以设计出更可靠的设备，训练并激发人减少错误，但是无法完全消除这些设备和人为错误。因此，提供多个保护层在深度上进行防护，减小风险是非常重要的。即便如此，总还是会有所有保护层同时失效的时候，尽管这种概率很小，但这时往往就会发生事故。同时，保护层的效果取决于当前设备的维护、人员的培训和绩效及管理系统。如果这些系统性能变差，保护层的可靠性就会降低，风险将会增加。

如果可能事故的规模很大，人们面对可能发生的残留的风险可能永远不会感到舒服，即使这种风险非常小且具备维护保护系统良好有效运行的管理系统。通过减少可能事故的规模，本质安全设计认为设备、人和管理系统出现故障是必然的，基于减少过程的内在的危害来考虑过程的安全性。本质安全设计减少了过程所需的保护层，如果事故可能的后果严重性可以尽量地减少，则它可以完全地消除保护层。

本质的策略：本质地消除或减少危害，采用危害较小或无危害的材料。

被动的策略：被动地控制危害或使危害最小化，采用减少事故频率或后果的设计特征，而没有任何安全装置的积极作用。

主动的策略：主动地控制或缓和事故，采用控制、安全连锁或紧急停车系统来监测危害状况，采取适当动作使工厂处于安全状态。

程序的策略：程序地使用操作规程、行政检查、紧急响应及其他管理系统来防止事故，操作人员及时监测事故使装置处于安全状态，减少事故带来的损失。

二、过程强化的本质安全策略

（一）更小更安全原则

减小化工过程设备的尺寸可以从两个方面提高安全性。如果设备较小，当设备泄漏或破裂时释放出的有害物质的数量显然更少。此外，如果设备较小，设备中包含的势能也较小。势能有多种形式，比如高温、高压或来自反应性化学品混合物的反应热。如果这种势能以不可控制的方式释放，诸如火灾、爆炸或设备内物质的泄漏等事故将会发生。

显然，如果设备可以变得很小，物质或能量的不可释放所造成的可能的损失将会减小。设备较小还会带来另外一个好处——通过设备减弱或控制事故后果将会更可行。例如，将一个小的反应器完全套封在一个防爆结构中是可行的。但对一个大反应器来说，这样做可能就不行了，因为防爆结构将会非常大。封装也要足够结实，因为其将要承受来自较大反应器的可能的更大爆炸。

（二）传统的库存最小化方法

对化工厂而言，在过程技术没有根本改变的情况下，可以有很多方法来实现有害物质库存量的最小化。印度 Bhopal 事故释放的异氰酸甲酯，造成了约两千人死亡和数万人受伤的事故，这是迄今为止化学工业历史上最为严重的事故。在 Bhopal 事故后，许多化学品公司都重新审视其装置运转情况，以找到减小有害易燃物料库存量的方法。通过这种努力，许多可以明显减少库存量的方法见诸报道，并且相对较快地实现库存减少。显然，在短时间内这些公司并没有采用新技术重建工厂或在现有工厂基础上对过程设备做出更本质的改变。那么，世界范围内的工厂是如何减少有害物质的库存量的呢？他们仔细评估了现有的设备和操作，找到了一些操作上的变化，使得现有工厂可以在更少的有害物料库存量的情况下操作。Bhopal 的悲剧使得具有创造性的工程师将目光集中到如何减少有害物质库存量上，他们很快找到了在现有工厂和技术的条件下实现这一目标的方法。

三、过程强化对被动和主动保护层的益处

虽然较小的过程可能无法完全消除某种危害，但其通常也有一个好处，即可以使有效的被动层更可行、更合算。这样，用来防止有毒气体逃逸的被动保护装置，如防护堤、防爆壳和安全壳将会更小。主动安全装置，如防爆膜、火炬和净化器的尺寸将会减小。较小的过程设备对其他常见的安全连锁动作反应也会更迅速。下面举例说明过程强化在其他安全方面带来的好处。

不稳定的物质，如爆炸物，有时候是在远程控制中生产，采用防爆壳或防爆仓进行保护。在这种情况下，如果发生爆炸，过程设备可能会被严重损坏或摧毁，但是不会有人员受伤，环境和其他财产也会得到保护。这就是被动安全装置——防爆壳无须任何装置或人的动作即可发挥其功能。虽然对小型的装置来说，这种类型的防爆壳是可行的，但是对大型装置来说成本可能会非常昂贵。显然，较大的装置需要较大的安全防护结构。然而，密封壳也需更大的强度，因为大型容器可能爆炸的破坏作用会更大。

第五章　石油化工储运设施防火防爆技术

第一节　石油及其产品的储存

石油、天然气（甲烷）、液化石油气、稳定轻烃等危险化学品具有燃烧性、爆炸性、腐蚀性和毒性等固有的危险特性，在石油开采过程中易引发事故，其事故类型主要包括井喷、火灾、爆炸、中毒和环境污染等。

一、石油产品的总分类

（一）按其主要性能和用途分

石油按其主要性能和用途分为石油燃料、石油溶剂、化工原料、润滑剂、石油沥青和石油焦六大类。

（二）按通常产品用途分类

石油按照产品用途，通常可分为9类：①石油燃料类，如汽油、喷气燃料、煤油、柴油和燃料油等；②溶剂油类，如石油醚、橡胶溶剂油和油漆溶剂油；③润滑油类，如内燃机润滑油、齿轮油、车轴油、机械油、仪表油、压缩机油和汽缸油等；④电气用途类，如变压器油、电容器油和断路器油等；⑤润滑脂类，如钙基润滑脂、钠基润滑脂、钙钠基润滑脂、锂基润滑脂和专用润滑脂等；⑥固体产品类，如石蜡类、沥青类和石油焦类等；⑦石油气体类，如石油液化气、丙烷和丙烯等；⑧石油化工原料类，如石脑油、重整油、AGO原料、戊烷、抽余油和拔头油等；⑨石油添加剂类，如燃料油添加剂和润滑油添加剂。

二、石油产品的储存特性

（一）易燃性

燃烧的难易和石油产品的闪点、燃点和自燃点3个指标有密切关系。石油闪点是鉴定石油产品馏分组成和发生火灾危险程度的重要标准。油品越轻闪点越低，着火危险性越大，但轻质油自燃点比重质油自燃点高，因此轻质油不会自燃。对重质油来说闪点虽高，但自燃点低，着火危险性同样也较大，故罐区不应有垃圾堆放，尤其是夏天，防止自燃起火。

（二）易爆性

油品的爆炸极限很低，尤其是轻质油品，浓度在爆炸极限范围的可能性大，引爆能量仅为 0.2 MJ，绝大多数引爆源都具有足够的能量来引爆油气混合物。油品的易爆性还表现在爆炸温度极限越接近环境温度，越容易发生爆炸。冬天室外储存汽油，发生爆炸的危险性比夏天还大。夏天在室外储存汽油因气温高，在短时间内，汽油蒸汽的浓度就会处于饱和状态，遇火源往往发生燃烧，而不是爆炸。

（三）易挥发、易扩散、易流淌性

饱和蒸汽压是石油产品很重要的特性参数之一。在密闭容器中，当从液面逸出的分子数量等于返回液面的分子数量时，气相和液相保持相对平衡，这种平衡称为饱和状态，液体就不会因为蒸发而减少，这时的蒸汽称为饱和蒸汽，饱和蒸汽产生的气压称为饱和蒸汽压。石油产品中轻质成分越多，饱和蒸汽压越大，低温启动性能越好，蒸发损耗越大，越容易产生气阻。

影响蒸发的因素可以分为两方面：①油品本身性质方面的因素，如沸点、蒸汽压、黏度等；②外界条件因素，如周围空气的温度和压强、空气流动速度、蒸发面积及容器的密封程度等。在石油产品的储运中，采取喷淋降温、安装呼吸阀等都是减少油品蒸发的 措施。

（四）易产生静电

静电的产生和积聚同物体的导电性有关。石油产品的电阻率很高，是静电非导体。电阻率越高，导电率越小，积累电荷的能力越强。汽油、煤油、柴油在泵送、灌装、装卸、运输等作业过程中，流动摩擦、喷射、冲击、过滤都会产生大量静电，很容易引起静电荷积聚，静电电位往往可达几万伏。而静电积聚的场所，常有大量的油蒸汽存在，很容易造成事故。油品静电积聚不仅能引起静电火灾事故，还限制油品的作业条件。静电电荷量与容器内壁粗糙程度、介质的流速、流动时间、温度（柴油相反）、通过过滤网的密度、流经的闸阀、弯头数量、电阻率成正比；与空气湿度成反比。为了防止静电引起火灾，在油品储运过程中，设备都应装有导电接地设施。

（五）易受热膨胀性

热胀冷缩是所有物质的特性。石油产品受热后，温度上升，体积迅速膨胀，饱和蒸汽压增大；温度降低，体积收缩，饱和蒸汽压减少。在油品受热膨胀后，若遇到容器内油品充装过满或管道输油后内部未排空又无泄压设施，很容易使容器或管件爆破损坏。为了防止设备因油品受热膨胀而受到损坏，装油容器不准充装过满，一般只准充装全容积的 85% ~ 95%，输油管线上均应装泄压阀。

第二节 气瓶的储存和使用

气瓶是指公称容积不大于1000 L，用于盛装压缩气体的可重复充气而无绝热装置的移动式压力容器。从结构上分有无缝气瓶和焊接气瓶；从材质上分有钢质气瓶（含不锈钢气瓶）、铝合金气瓶、复合气瓶和其他材质气瓶；从充装介质上分为永久性气体气瓶、液化气体气瓶及溶解乙炔气瓶；从公称工作压力和水压试验压力上分有高压气瓶和低压气瓶。

瓶装气体品种多、性质复杂，有的压力高达30 MPa，有的瓶内气体具有可燃性，或氧化性，或窒息性，或毒性，或腐蚀性，或爆炸性。在储存过程中，装有这些气体的气瓶如遇到不标准的储存条件，常有可能引起灾害性的事故。因此，应重视瓶装气体库房的建设要求，努力提高管理人员的素质，建立健全并认真落实气瓶储存的各项规章制度。

一、对气瓶库房的要求

（1）气瓶库房的建设必须经环保、公安消防和劳动安全监察部门的批准。

（2）库房的建筑必须按国家有关标准、规范的要求进行，其中气瓶库房的耐火等级层数和面积，应严格执行《建筑设计防火规范》的有关规定。属于爆炸危险的甲乙类和高压气瓶的库房，不应设在建筑物的地下室和半地下室内；易燃、可燃液化气体气瓶的库房，应设置防止液态气体流散的设施，库房内不应有地沟暗道。

（3）气瓶库房的安全出口不得少于两个（面积小的库房可只设一个），库房门窗均需向外开，以便人员疏散和泄爆；门窗上的玻璃应采用毛玻璃，或在透明玻璃上涂上白漆，或挂上白色窗帘，以防止气瓶被阳光直射后增加其压力，或催化其他化学反应。

（4）库房应有足够的泄压面积，以减少爆炸事故发生时的损失，氢气等甲类火灾危险的气瓶库房，其泄压面积与库房容积之比应达到0.05 ~ 0.1。

（5）储存气瓶的库房必须是单层建筑，其高度不应低于4 m，屋顶应为轻型结构，并应有天窗或自然排风筒。对于可燃或有毒气体的气瓶库房，应采用强制通风换气装置，其风量应以事故排气量为基数，每小时换气量应为基数的7倍以上，必要时应配备喷淋冷水的装置。

（6）库内地面应平坦而不打滑。储存可燃气体的气瓶库房，其地面可采用铝板、沥青、水泥或木砖，但从导电情况和防止撞击火花方面考虑，采用铝板更合适一些；屋墙的间壁及房顶应用防火或半防火材料建造。

（7）储存可燃气体气瓶的库房，其照明、换气装置等电气设备，均需采用防爆型的；电气开关和熔断器应装在房外。

（8）库房内温度应根据气瓶内的介质确定。一般为5℃ ~ 35℃，高于35℃时，应采取降温措施。冬季严禁使用煤炉、电热器或其他明火取暖设施。

（9）储存可燃气体气瓶的库房如不在避雷装置保护区域内，则必须装设避雷装置。

（10）对于有毒、可燃或窒息性气体的气瓶库房内，可装设与之相适应的自动报警装置。

（11）气瓶库房最大存瓶数不得超过3000只。如库房用密闭防火墙分隔成单室，则每室存放可燃、有毒气体气瓶不得超过500只；存放不燃无毒气体气瓶不应超过1000只（以40 L气瓶计）。

二、对气瓶库房管理员的要求

（1）应经过安全技术培训，熟悉气体的性质，能够识别气瓶盛装气体的种类。

（2）了解气瓶及其安全附件的结构与操作要领。

（3）对工器具懂原理、会使用，能够定期检查和维护。

（4）对消防器材能够根据瓶内气体的性质准确使用、熟练操纵。

（5）工作认真负责，并有保管各类气瓶的技能和经验。

（6）熟悉库房各项及其有关规章制度，并能认真贯彻执行。

（7）真实准确而工整地做好工作记录。

三、气瓶库房的管理

（一）气瓶入库前的验收

气瓶安全储存与及时准确的供应工作，很大程度上取决于气瓶入库前的检查验收。

（1）对入库的气瓶，必须细致地逐瓶检查其外表面的瓶色、字样、字色、色环是否与入库单据相符。

（2）瓶帽、防震圈是否完整，气瓶外表面有无影响气瓶安全使用的缺陷，如严重的腐蚀、机械损伤、凸起变形等。

（3）检查瓶阀有无泄漏。对于非特殊危害性气体气瓶可用感官或试验液测试，对于盛装特殊危害性气体气瓶必须用气体测漏器或用试验液测试。有的工厂用浸过氨水的棉花团去检验氯气或氯的化合物气体泄漏（产生白雾），用试纸检验氨、砷烷、磷烷（试纸变色）也很有效。

（二）气瓶入库储存

（1）气瓶入库后应按照气体的性质、公称工作压力及空、实瓶，严格分类存放，最好将其直立于指定的栅栏里，用可移动的铁链将栅栏口拦住。性质相抵触的气瓶必须分隔存放，以防泄漏引起火灾、爆炸和中毒。因此盛装可燃性气体的气瓶，不准与氧化性气体的气瓶同库储存；氯、氧、氯化氢、氯甲烷、氧化氮、二氧化硫、六氟化硫气瓶，不准与氨气瓶同库储存；甲烷、一甲胺、二甲胺、三甲胺、氟化硼气瓶，不准同氯气瓶同库储存；氢、氨、氯乙烷、环氧乙烷、乙炔气瓶，不准与一氧化二氮气瓶同库储存；氟磷化氢（磷烷）、硫化氢，不准与一甲胺、二甲胺、三甲胺气瓶同库储存等。要防止气瓶倒地，并应挂上标有气体名称和入库日期的标牌。

（2）无底座的凸形底气瓶可水平横放在带有衬垫的槽木上，以防气瓶滚动，瓶帽均应朝向一侧。如需堆放，则堆放层数不应超过 5 层。小容积气瓶应放在特制的带有凹槽的托垫上。

（3）为使先入库或临近检验期限的气瓶优先发出，应尽量将这些气瓶储存在一起，并在栅栏的牌子上注明。

（4）对于限期储存的，如光气（3 个月）、溴甲烷、二氧化硫（6 个月），以及不宜长期存放的氯乙烯、氯化氢、甲醚等气体，均应注明储存期限。对于容易起聚合反应或分解反应的气体气瓶，除应远离电磁波、振动源外，必须规定储存期限，并予以注明。这类气瓶还不能存放在有放射线的场所，以免射线促使其（例如四氟乙烯）发生聚合或分解反应。因此，限期存放到期后，及时处理非常重要。

（5）可燃性气体气瓶不能在绝缘体上存放，以防静电引起事故。

（6）气瓶在储存期间，除每日一次定期检查外，应随时查看有无漏气、腐蚀和堆垛不稳等情况。发现泄漏，要及时消除；发现腐蚀倾向，应妥善处理。检查毒性气体气瓶库房时，应对库房首先进行换气，而后穿戴好防毒用具，方可入库。

（7）气瓶在储存期间还应定期测试库内温度和湿度，并做出记录。库房最高允许温度应根据储存气体性质而定。例如储存乙胺，库温应低于 10℃；储存光气、氯甲烷、氯乙烯、乙烷、丁烯、丁二烯、一甲胺、二甲胺、三甲胺等气体，库温应低于 30℃；储存环氧乙烷，库温应低于 32℃；储存氯乙炔、氟化氰、二氧化硫气体，库温应低于 35℃。库房的相对湿度，应控制在 80% 以下。

（8）新入库的有毒气体或可燃气体气瓶，在头 3 天应定时测定库内气体浓度。如浓度超过规定值，则应强制换气，并将泄漏气瓶挑出；如头 3 天测定值在允许范围内，可改为定期测定。最好设置自动报警装置。

（9）气瓶在库房内应摆放整齐，并留有适当宽度的通道。库房应有明显的“禁止烟火”“当心爆炸”等各类必要的安全标志。

（10）库房还应有运输和消防通道，设置消防枪和消防水池，在固定地点备有专用灭火器、灭火工具和防毒用具。

（11）气瓶库房周围 10 m 距离内禁止存放任何易燃物品，也禁止进行任何有明火的作业。

（三）气瓶出库注意事项

（1）瓶库账目应清楚，数量应准确，并应按时盘点，做到账物相符。

（2）实瓶的储存数量应有必要的限制，在满足当天使用量和周转量的前提下，尽量减少储存量。

（3）库房管理员必须认真填写气瓶发放登记表，内容包括序号、气体名称、气瓶编号、入库日期、气瓶检验日期（年月）、验收者姓名、气瓶出库日期（年月日）、出库者姓名、领用单位、领用人签字、备注。

第三节　危险化学品存储场所防火防爆

基于危险化学品的特性，如果储存不当，在储存过程中一旦受到外界条件的影响，极易引起燃烧、爆炸和中毒，甚至引发火灾、爆炸事故，导致人员伤亡、物质损失和环境污染。

《危险化学品安全管理条例》规定：危险化学品必须储存在专用仓库、专用场地或者专用储存室（以下统称专用仓库）内，储存方式、方法与储存数量必须符合国家标准，并由专人管理。

危险化学品出入库，必须进行核查登记。库存危险化学品必须在专用仓库内单独存放，实行双人收发、双人保管制度。储存单位应当将储存剧毒化学品及构成重大危险源的其他危险化学品的数量、地点及管理人员的情况，报当地公安部门和负责危险化学品安全监督管理综合工作的部门备案。

危险化学品专用仓库，应当符合国家标准对安全、消防的要求，设置明显标志，储存设备和安全设施应当定期检测。

一、危险化学品储存场所要求

（一）建筑结构

危险化学品的建筑物不得有地下室或其他地下建筑，其耐火等级、层数、占地面积、安全疏散和防火间距应符合国家有关规定。储存地点及建筑结构的设置，除了应符合国家的有关规定外还应考虑对周围环境和居民的影响。

（二）电气安装

储存危险化学品的建筑物、场所中的消防用电设备应能充分满足消防用电的需要，并符合《建筑设计防火规范》（GB 50016—2014）的有关规定。危险化学品储存区域或建筑物内输配电线路、灯具、火灾事故照明和疏散指示标志都应符合安全要求。储存易燃、易爆危险化学品的建筑，必须安装避雷设备。

（三）通风及温度调节

储存危险化学品的建筑必须安装通风设备并注意设备的防护措施。建筑通排风系统应设有导除静电的接地装置。通风管应采用非燃烧材料制作，通风管道不宜穿过防火墙等防火分隔物，如必须穿过时应用非燃烧材料分隔。储存危险化学品建筑采暖的热媒温度不应过高，热水采暖不应超过 80℃，不得使用蒸汽采暖和机械采暖。采暖管道和设备的保温材料，必须采用非燃烧材料。

二、储存方式与原则

（一）储存方式

1. 隔离储存

隔离储存是在同一房间或同一区域内不同的物料之间分开一定距离，非禁忌物料间用通道保持空间的储存方式。

2. 隔开储存

隔开储存是在同一建筑或同一区域内用隔板或墙将其与禁忌物料分离开的储存方式。

3. 分离储存

分离储存是储存在不同的建筑物或远离所有建筑的外部区域内的储存方式。

（二）储存原则

根据危险物品的性能分区、分类、分库储存，定品种、定数量、定库房、定人员，各类危险物品不得与禁忌物料（化学性质相抵触或灭火方法不同的物料）混合储存。

（三）危险化学品储存

危险化学品储存安排取决于危险化学品分类、分项、容器类型、储存方式和消防要求。

（1）遇火、遇热、遇潮能引起燃烧、爆炸或发生化学反应，产生有毒气体的危险化学品不得在露天或潮湿、积水的建筑物中储存。受日光照射能发生化学反应引起燃烧、爆炸、分解、化合或能产生有毒气体的危险化学品应储存在一级建筑物中，其包装应采取避光措施。

（2）爆炸品不准和其他类物品同储，必须单独隔离限量储存，仓库不准建在城镇，并且应与周围建筑、交通干道、输电线路保持一定安全距离。

（3）气体必须与爆炸品、氧化性物质、易燃物品、易于自燃物质、腐蚀性物质等隔离储存。易燃气体不得与助燃气体、剧毒气体同储，氧气不得与油脂混合储存，盛装液化气体的压力容器，必须有压力表、安全阀、紧急切断装置并定期检查，不得超装。

（4）易燃液体、遇水放出易燃气体的物质、易燃固体不得与氧化性物质混合储存，具有还原性的氧化剂应单独存放。

（5）毒性物质应储存在阴凉、通风、干燥的场所，不得露天存放和接近酸类物质。腐蚀性物质包装必须严密，不允许泄漏，严禁与液化气体和气体物品共存。

（四）储存限量

化学危险品储存安排取决于化学危险品分类、分项、容器类型、储存方式和消防的要求。

三、易燃易爆化学物品的养护管理

（一）储存条件

1. 建筑与库房条件

库房耐火等级应不低于三级。爆炸品应储存于一级轻顶耐火建筑的库房内。

Ⅰ级和Ⅱ级易燃液体、Ⅰ级易燃固体、易于自燃的物质、气体宜储存于一级耐火建筑的库房内；遇水放出易燃气体的物质、氧化性物质和有机过氧化物可储存于一、二级耐火建筑的库房内；Ⅱ级易燃固体、Ⅲ级易燃液体可储存于耐火等级不低于三级的库房内。

2. 储存要求

物品避免阳光直射，远离火源、热源、电源，无产生火花的条件。

除满足有关分类储存的规定外，以下品种应专库储存：①爆炸品，如黑色火药类、爆炸性化合物；②气体，如易燃气体、非易燃无毒气体和毒性气体；③易燃液体，如甲醇、乙醇、丙酮；④特殊易燃固体；⑤易于自燃的物质，如黄磷、烃基金属化合物、浸动、植物油制品；⑥遇水放出易燃气体的物质；⑦氧化性物质和有机过氧化物、无机氧化剂与有机氧化剂分别储存，硝酸铵、氯酸盐类、高锰酸盐、亚硝酸盐、过氧化钠、过氧化氢专库储存。

3. 环境卫生条件

库房周围无杂草和易燃物，库房内经常打扫，地面无散落物品，地面与货垛清洁卫生。

4. 温湿度条件

库房内设温湿度表，按规定时间观测和记录。

（二）堆垛要求

1. 堆垛方法

根据库房条件、物品性质和包装形态采取适当的堆码和垫底方法。各种物品不允许直接落地存放。根据库房地势的高低，一般应垫 15 cm 以上。各种物品应码行列式压缝货垛，做到牢固、整齐、美观、出入库方便，一般垛高不超过 3 m。

2. 堆垛间距

主通道大于等于 180 cm；支通道大于等于 80 cm；墙距大于等于 30 cm；柱距大于等于 10 cm；垛距大于等于 10 cm；顶距大于等于 50 cm。

四、消防措施

根据危险品特性和仓库条件，必须配置相应的消防设备、设施和灭火药剂，并配备经过训练的兼职和专职的消防人员。储存危险化学品建筑内根据仓库条件安装自动监测和火灾报警系统。如条件允许，应安装灭火喷淋系统（遇水燃烧化学危险品，不可用水扑救的火灾除外)，其喷淋强度为 15 L/(min · m²)，持续时间为 90 min。

五、危险化学品的消防安全检查

危险化学品的安全检查按工作程序和环节的不同分为出、入库检查和在库检查。

出、入库检查是保证危险化学品安全储存的基础。主要检查内容包括以下几方面：①进入库区的人员及车辆；②危险化学品与包装；③装有稳定剂保护的危险化学品；④气体钢瓶；⑤易燃杂物。

在库检查是危险化学品仓库工作的中心环节，主要包括以下几方面：①日常管理；②季节性检查；③火源、电源检查；④库内环境检查；⑤消防设施器材检查。

第四节　危险化学品运输和装卸防火防爆

一、危险化学品运输中存在的主要问题

(一)人的因素

从事危险化学品运输的工作人员如驾驶员、押运员、装卸管理人员，有些人员文化水平较低，法律意识淡薄，他们虽然接受了有关部门的培训，但多以应试为目的，只求考试能顺利过关，不能深入、扎实地进行学习，对危险货物运输相关法规知之甚少，对所装运的危险化学品的危险特性也一知半解。一旦货物发生泄漏或引起火灾等事故他们就不知道如何处置，不能在第一时间采取有效措施，制止事态扩大。还有些驾驶员、押运员责任心和安全保护意识不强，他们对有关危险化学品安全运输的规定缺乏了解，疲劳驾驶、盲目开快车、强行会车、超车，过铁路岔口、桥梁、涵洞时不减速，还有的酒后驾车，这些都极容易引起撞车、翻车事故。还有的装卸人员违反操作规程野蛮装卸，不按规定装卸，都容易导致事故发生，造成灾难。

人的失误按失误者的身份可归纳为装车人的失误、押车人的失误、开车人的失误、修车人的失误四类。

1. 装车人的失误

装车人的失误主要有超重装载、超高装载、过量充装；没有对危险化学品容器采取紧固措施，使其在路上颠簸碰撞，甚至挣脱约束滚下车；危险化学品容器的阀门没有拧紧，以致发生泄漏。

2. 押车人的失误

押车人的失误主要有：指使司机违章随意停车；搭乘无关人员；擅离职守，使危险化学品失去监控，油管压力升高不及时排放，最后导致超压爆炸或货物落下发生事故等。

3. 开车人的失误

开车人的失误即驾驶员的违章驾驶或失误。据统计，80% 的交通事故是由驾驶员的违章或失误造成的。开车人的失误主要有以下几个方面。

（1）驾驶

疲劳驾驶或驾驶技术差；安全驾驶规章执行不严、事故处理应急能力差；在雨天、雪天、大雾天、弯道处、路口等行车不慎，思想麻痹，车速过快；违章超速行车或超车。

（2）行车路线

行车路线选择不当，违章从人口密集处通过或道路不熟，出现意外。

（3）停靠与搭乘

违章在人口密集处随意停靠；违章搭乘无关人员；违章客货混装，在客车上携带危险品。

4. 修车人的失误

修车人的失误是车辆维修保养不善，检查不仔细，使有缺陷、有隐患的车辆上路；电焊工违章在易燃易爆环境下动火修理运输危险化学品的车辆，导致起火或爆炸。

（二）车辆的因素

装运危险化学品的车辆的安全状况是引起事故的一个重要因素，车辆技术状况的好坏，是危险化学品安全运输的基础，有些单位和个人只考虑眼前的经济效益，不执行国家的车辆维护和检测规定，车辆不坏不维护，有的甚至出现较小故障不进行维修而凑合着开等现象，为事故埋下隐患。在道路上正在从事运输的机动车或即将执行运输任务的机动车缺乏应有的临时车辆技术性能检验约束，特别是一些执行长途运输任务的机动车，在漫长的运输途中，机动车安全技术状况得不到保证。

（三）其他因素

1. 交通事故

交通事故的发生，很多时候与一些客观因素有关，天气状况的好坏也直接影响到危险化学品的安全运输，雨天、雾天或冰雪天等都因为天气状况不好、视线不清、山体滑坡造成车辆颠簸或翻车而引发事故；有的时候铁路钢轨面有突起物、其他车辆事故等都对运输车辆有影响。

2. 装运因素

危险化学品包装是保护产品质量不发生变化、数量完整的基本要求，也是防止储存运输过程中发生着火、腐蚀等灾害性事故的重要措施，是安全运输的基本条件之一。在《铁路危险货物运输管理规则》《水路危险货物运输规则》《危险化学品安全管理条例》等法规中，对危险化学品包装的分级、包装技术要求、包装条件、运输储存及包装实验方法、检验规则都做出了规定。但部分企业往往为了节省包装成本或运输成本，对危险化学品瞒报、漏报，对其包装偷工减料、以次充好。其中部分从事危险化学品包装物、容器生产的企业无生产许可证，包装实验、检验工序简单，质量监督不规范，生产设备及工艺落后，产品直接用于公路运输的比比皆是。在实际工作中由于包装容器强度不够或者包装衬垫材料选用不当，导致容器破损、化学物料泄漏，引发事故的事件时有发生。在配装货物时，有的将性质相抵触的危险化学品同装在一辆车上，或者将灭火方法、抢救措施不同的物品混装在一起，万一发生泄漏就有可能因为混装而引发更大的灾难。

二、危险化学品储运过程中的注意事项

凡具有腐蚀性、自然性、易燃性、毒害性、爆炸性等性质，在运输、装卸和储存保管过程中容易造成人身伤亡和财产损毁而需要特别防护的物品，均属危险品。危险品具有特殊的物理、化学性能，运输中如防护不当，极易发生事故，并且事故所造成的后果较一般车辆事故更加严重。因此，为确保安全，在危险品运输中应注意以下事项。

（一）注意包装

危险品在装运前应根据其性质、运送路程、沿途路况等采用安全的方式包装好。包装必须牢固、严密，在包装上做好清晰、规范、易识别的标志。

（二）注意装卸

危险品装卸现场的道路、灯光、标志、消防设施等必须符合安全装卸的条件。装卸危险品时，汽车应露天停放，装卸工人应注意自身防护，穿戴必需的防护用具。严格遵守操作规程，轻装、轻卸，严禁摔碰、撞击、滚翻、重压和倒置，怕潮湿的货物应用篷布遮盖，货物必须堆放整齐、捆扎牢固。不同性质的危险品不能同车混装，如雷管、炸药等切勿同装一车。

（三）注意用车

装运危险品必须选用合适的车辆。爆炸品、一级氧化剂、有机氧化物不得用全挂汽车列车、三轮机动车、摩托车、人力三轮车和自行车装运；爆炸器、一级氧化剂、有机过氧物、一级易燃品不得用拖拉机装运。除二级固定危险品外，其他危险品不得用自卸汽车装运。

（四）注意防火

危货运输忌火，危险品在装卸时应使用不产生火花的工具，车厢内严禁吸烟，车辆不得靠近明火、高温场所和太阳曝晒的地方。装运石油类的油罐车在停驶、装卸时应安装好地线，行驶时，应使地线触地，以防静电产生火灾。

（五）注意驾驶

装运危险品的车辆，应设置《道路运输危险货物车辆标志》（GB 13392—2005）规定的标志。汽车运行必须严格遵守交通、消防、治安等法规，应控制车速，保持与前车的距离，遇有情况提前减速，避免紧急刹车，严禁违章超车，确保行车安全。

（六）注意漏散

危险品在装运过程中出现漏散现象时，应根据危险品的不同性质，进行妥善处理。爆炸品散落时，应将其移至安全处，修理或更换包装，对漏散的爆炸品及时用水浸湿，请当地公安消防人员处理；储存压缩气体或液化气体的罐体出现泄漏时，应将其移至通风场地，向漏气钢瓶浇水降温；液氨漏气时，可浸入水中，其他剧毒气体应浸入石灰水中；易燃固体物品散落时，应迅速将散落包装移于安全处所，黄磷散落后应立即浸入水中，金属钠、钾等必须浸入盛有煤油或无水液状石蜡的铁桶中；易燃液体渗漏时，应及时将渗漏部位朝上，并及时移至安全通风场所修补或更换包装，渗漏物用黄沙、干土盖没后扫净。

（七）注意停放

装载危险品的车辆不得在学校、机关、集市、名胜古迹、风景游览区停放，如必须在上述地区进行装卸作业或临时停车时，应采取安全措施，并征得当地公安部门的同意。停车时要留人看守，闲杂人员不准接近车辆，做到车在人在，确保车辆安全。

（八）注意清厢

危险品卸车后应清扫车上残留物，被危险品污染过的车辆及工具必须洗刷消毒。未经彻底消毒，严禁装运食用、药用物品、饲料及动植物。

三、危险化学品装卸过程中的注意事项

（一）防止静电积聚

控制流速和流量。严格执行初始流速 1 m/s 和作业最大流速及流量。

（1）接收货物容器出入口的流速要求：①水平入口的，货物液面必须没过入口上顶端 0.6 m 后（不再有液体扰动和湍流），方可提速；②下弯型入口，应满足管边下端口到货物表面的距离已超过入口管径的 2 倍距离，方可提速；③上弯型入口，管口需满足管口到货物液面 1.2 m 以上的距离，方可提速。

（2）浮顶式货罐则应保持 1 m/s 流速，直到罐顶开始浮动为止（包括固定罐顶的内浮式货罐），方可提速，防止流速快速湍流静电积聚。

（3）在进行危险化学品的冲桶取样时，应保证流速不超过 1 m/s，并防止液体产生飞溅和积聚静电。

（4）危险液化品船舶在抵港或刚装卸完毕货物，容器应静置 30 min 后方可进行采样、测温、检尺等作业。

（5）液体危险化学品在采样、计量和测温时，控制动作速度，上下提放器具速度不得大于 0.5 m/s。

（二）静电消除

装卸高危或易积蓄静电的液体化学品作业前，应先将所有装卸设备、设施进行有效连

接并实施接地。

（1）接地线应使用软铜绞线，导线直径应大于 2.6 mm，截面面积大于 5.5 mm^2。

（2）船上接地点距管线接口应大于 3 m。

（3）装卸易燃易爆危险品时，应对管线法兰间进行铜线跨接。

（4）作业前，必须先连接静电接地线，后接通管线；作业完毕，必须先拆卸管线，后拆静电接地线。

（5）进行货物取样、装桶时，各金属部件必须保持良好的接触或连接，并进行可靠接地。

（6）禁止使用绝缘性容器加注易燃易爆液化危险品。

（7）码头固定管线必须进行可靠接地。

（8）不准使用绝缘材质的检尺、测温、采样工具进行作业。在船舱或货罐进行采样、测量时，金属部件必须与船体或货罐进行连接。

（9）在发货装车时，罐车进行装卸前，必须将货管、管道、罐车有效地跨接和接地。

（10）增加空气湿度。促使工作区域电阻率大大降低，静电就不易积累。

（11）定期对危险化学品操作现场接地极进行检测，使接地极电阻小于 25Ω。

（三）改善工艺操作

（1）油舱或作业容器、管线必须惰化处理，并且检测容器内的含氧量，确保含氧量低于 1.5%。闪点低于 10℃的货物装卸应采用密闭式回路管线，并及时填充氮气。

（2）闪点低于 10℃危险液化品的作业管线进行吹扫时必须使用惰性气体。

（3）货物装卸作业过程中，作业压力必须缓慢提升，每次提压不大于 0.2 MPa，两次提压间隔不小于 30 min。

（4）装卸易产生静电积聚的货物或闪点低于 10℃的货物，需有效地加入抗静电添加剂。

（5）现场监护人员要定时用气体检漏仪测试现场挥发气体浓度。

（6）严禁使用化纤和丝绸织物快速擦拭洒漏的液体危险化学品。

（7）作业现场禁止使用非防爆通信工具。

（8）进入危险化学品区域人员，必须消除人体静电。

（9）现场作业人员必须穿防静电服和防静电鞋。作业现场禁止穿脱衣服、帽子或类似物。

（10）拆卸管线必须用铜扳手，轻拿轻放。将货物残液及时回收，密闭储存移离现场。

（11）装卸易聚合危险化学品时，作业前需要掌握：①是否添加了稳定剂，所加稳定剂的名称、数量；②稳定剂的加入日期及有效期。

（四）重点环节的安全控制

（1）装卸低闪点、易聚合危险化学品，必须用惰性气体吹扫。货舱或货罐上部空间填充惰性气体覆盖。

（2）作业管线必须打球扫线，扫线球临近管线终端时，降低吹扫压力，防止货舱或罐内的货物飞溅和液体扰动产生静电。

（3）取样环节需要注意的事项：①取样枪不能碰撞桶口，以免产生火星；②取样枪和取样桶都必须落实静电接地；③控制枪口流速，防止产生过量的气泡和静电积聚。

（4）进行货物取样或检尺时必须等货物静置 30 min 以上，工具各部件必须保持良好的接触或连接，并可靠接地。

（5）禁止使用绝缘性容器加注闪点低于 10℃的液化危险品。

（6）对于与空气接触易聚合、自燃及货物储存温度有要求的，应做到：①作业容器管线必须惰化处理，含氧量检测确保 1.5% 以下；②货物装卸应采用密闭式回路管线，并及时填充氮气；③货物对温度有界限的，要严格执行货物装卸储存的温度条件（必须保持液体温度低于在正常大气压下的沸点）。

（7）严格执行随货单证上货物特殊要求及安全注意事项。

四、提高危险化学品安全运输水平

（一）加强从业人员培训教育，增强法律意识和业务素质

危险化学品运输容易发生事故，而事故发生与人的因素有很大的关系，所以还应注意提高从业人员的业务素质。危险化学品种类多，而且各有各的危险性，发生事故后的处置方法也不一样。有关企业、工厂应针对本部门的具体情况组织驾驶员、押运员等进行学习，使其熟练掌握本系统经常接触到的危险化学品的危险性等知识及安全运输的具体要求，万一发生事故应知道如何采取措施尽可能降低灾害的危害程度；还应组织他们学习必要的劳动保护知识，增强自我保护意识。对运输剧毒、易燃易爆等危险化学品的从业人员应进行有关安全知识培训，使其了解所装危险化学品的性质、危险特性、包装容器的使用特性和正确的防护处置方法，掌握各种类型灭火器具适用对象和正确使用方法，在发生意外事故时，能在第一时间采取有效措施，减少危害。

（二）加强对危险化学品运输车辆的安全检查

运输危险化学品货物，由于货物自身的危害性，稍有不慎就可能发生事故，因此运输时一定要对运输车辆配置明显的符合标准的“危险品”标志，还要佩戴防火罩、配备相应的灭火器材和防雨淋的器具。车辆的底板必须保持完好，周围的栏板要牢固，如果装运易燃易爆货物，车厢的底板若是铁质的，应铺垫木板或橡胶板。

危险化学品运输由于存在潜在的危险，若发生事故，危及公共安全和人民生命财产安全，所以做好对运输车辆的安全检查是十分必要和重要的。加强对运输车辆的定期检查，有利于减少运输事故的发生。首先，运输车型必须与所承载的危险化学品的性质、形态及包装形式一致。其次，针对选用的车型、所装运的危险化学品性质的不同，危险化学品运输车辆必须配备符合相关法律法规要求的安全装置，如需配备气管火花熄灭器、泄压阀、安全阀、遮阳物、压力表、液位计及必要的灭火装置等。再次，对运输危险化学品的车辆、

车载容器、容器的各种安全防护装置要加强检查、保养、维修，同时把车载容器当作特种设备进行管理、操作检查等，进一步提高设备的安全状况。最后，还要保证运载车辆处于良好的技术状态，行车前要仔细检查车辆状况，特别是要检查车辆的制动系统，看是否灵敏可靠，还应检查连接固定设备和灯光标志。

（三）做好运输准备工作，安全驾驶

危险化学品运输危险性大，安全驾驶对保障运输安全性十分重要。行驶过程中，司机要精力充沛、思想集中，杜绝酒后开车、疲劳驾车和盲目开快车，保证安全行驶，避免紧急制动。

要注意天气状况，恶劣的天气如雨、雪、雾天，大风沙天尽量避免出车。夏天运输危险化学品要特别注意气温，温度高于30℃，白天禁止运输，应改为晚上运输。夏季雷雨天气也比较多，要防止货物被雨淋，特别是运输金属钠、钾或碳化钙、保险粉一类的危险化学品，遇水会发生反应，引起燃烧事故，运输更应注意防止雨淋。

（四）选择合格的包装容器，正确装运货物

不同的危险化学品具有不同的危险特性，在装运货物对，要针对其特性，选择合格的包装容器，根据《危险化学品安全管理条例》规定，用于危险化学品运输工具的槽罐及其他容器必须由专业生产企业定点生产，并经检测、检验合格的才能使用。装运货物时还要正确配装货物，不能混装混运，特别是性质相抵触的、灭火方法不一致的绝对不能同车运输。例如：装运压缩气体、液化气体时，氢气钢瓶和氧气钢瓶、氢气钢瓶与氯气钢瓶就不能同车运输；自燃物品黄磷与遇湿易燃物品金属钠、钾等不能同车运输，因为黄磷易自燃、扑救时可用水，而金属钠、钾遇水反应，会着火燃烧，甚至爆炸，所以这两类物品是绝对不能同车运输的。

（五）发生事故时的应急处置

1. 尽快报警、组织人员抢救

运输危险化学品因为交通事故或其他原因发生泄漏，驾驶员、押运员或周围的人要尽快设法报警，报告当地公安消防部门或地方公安机关，可能的情况下尽可能采取应急措施，或将危险情况告知周围群众，尽量减少损失。

2. 杜绝一切火源，防止燃烧、爆炸

泄漏的危险化学品如果是易燃易爆物品，现场和周围一定范围内要杜绝一切火源。所有的电气设备都应关掉，一切车辆都要停下来，电话等通信工具也得关闭，防止打出电火花引燃引爆可燃气体、可燃液体的蒸汽或可燃粉尘。如果储罐、容器、槽车破损，要尽快设法堵塞漏洞，切断事故源。堵塞漏洞可用软橡胶、胶泥、塞子、棉纱、棉被、肥皂等材料进行封堵。

3. 采取相应的消毒措施，减少危害

运输的危险化学品若具有腐蚀性、毒害性，在处理事故过程中，一定要采取积极慎重

的措施，尽可能降低腐蚀性、毒害性物品对人的伤害。

危险化学品种类繁多，发生泄漏，紧急情况下，可在专业网站查找有关资料，采取措施进行处置。

现场施救人员还应根据有毒物品的特征，穿戴防毒衣、防毒面具、防毒手套、防毒靴，防止通过呼吸道、皮肤接触进入人体，穿戴好防护用具，可减少身体暴露部分与有毒物质接触，减少伤害。另外，如果外泄的危险化学品是液氯、液氨、液化石油气等，在处理中除了防止燃烧、毒害以外，还要防止冻伤。氯气、氨气、石油气常温下是气体，为了便于储存、运输和使用，工业上采取加压、降温的措施使之成为液体，储存在钢瓶、储罐、槽车内，如果运输途中发生意外，容器阀门损坏，或者容器破裂，导致外泄液化气体，由于压力减小，外泄的液体很快可以转化为气体，这个过程需要吸收大量的热，使周围环境的温度迅速降低，因此事故现场抢救人员应注意防止冻伤。

4. 加强对现场外泄物品监测

危险化学品泄漏处置过程中，还应特别注意对现场物品泄漏情况进行监测，特别是剧毒或易燃易爆化学物品的泄漏更应加强监测。有关部门应组织专业检测技术人员和检验设备到场进行迅速检测，测定泄漏化学物料的性质、危害程度、危害范围，并且不间断地进行监视测定，向有关部门报告检测结果，为安全处置决策提供可靠的数据依据。

第五节　港口码头危险化学品装卸防火防爆

一、危险化学品装卸码头的特点

（一）装卸危险品种类多，固有火灾危险性大

化学危险品码头装卸的危险品有原油、成品油（汽油、柴油、燃料油、航空煤油、石脑油等）、散装液体化学品（各种液体有机化合物，如苯类、醇类、酯类等）、液化烃（液化石油气、天然气等）等。这些物品本身所固有的易燃烧、易爆炸、易挥发、毒性等特殊危险性决定了化学危险品装卸码头储运生产中存在较大的火灾危险因素。

（二）码头形式多样，停靠船舶吨位差大，固定灭火设施要求高

就目前我国沿海和内河分布情况而言，装卸危险品码头有岛式码头、港式码头、近岸式码头、栈桥式固定码头、外海油轮系泊码头等多种形式。按照码头装卸危险品的设计船型和危险品的危险等级、种类及年吞吐量不同，同一种形式的码头，其总平面布置差别较大，适合灭火要求的消防设施布置情况参差不齐。由于靠泊船舶吨位差大，船舶长、宽、吃水、货舱面积等指标差别较大，因此对码头所配置的固定灭火设施要求高，既要保证大船，又要顾及小船。

（三）装卸工艺具有特殊性

化学危险品装卸码头主要由泊位和库区组成，通常包括装卸船码头、储罐区、收发油泵房、铁路栈桥、汽车散装站、灌桶（瓶）间和污水处理厂等设施。相对于石油化工生产装置而言，装卸工艺有静的单元，有动的单元，靠离泊货船数量不定，装卸过程中人为的干预因素较多，随时随地都可能造成火灾隐患。

（四）码头泊位相对较长，消防供水困难

码头泊位相对较长，通常 10 万吨级油品码头的泊位长度约 400 m，20 万吨级油品码头的泊位长度约 500 m。因此，最远靠船墩部位起火时，消防车直接供水难度大。

（五）一次装卸任务重，火灾损失及其危害大

一艘 20 万吨级油轮就相当于陆上的一个大型油库，一旦发生火灾爆炸事故，火灾扑救困难，火灾所造成的直接和间接损失及环境危害严重。

二、油品码头发生火灾爆炸的原因

油品码头发生火灾、爆炸事故的 3 个必要条件为可燃物、点火源和空气。泄漏使可燃物与空气直接接触，当达到爆炸极限范围，又存在点火源且达到最小点火能时，则会引发火灾、爆炸事故。因此，分析油品码头火灾、爆炸危险因素主要从可燃物的物料特性、氧化剂和点火源 3 个方面进行分析。

（一）物料特性

1. 易燃性

油品码头储运的油品大部分为甲类火灾危险物品，且这些油品（特别是液化烃）闪点低、挥发性强，在空气中只要有很小的点燃能量，就会闪光燃烧。

2. 易爆性

当油品蒸汽与空气混合，浓度处于爆炸极限范围时，遇有一定能量的着火源，即发生爆炸。在油品的储运生产中，燃烧和爆炸经常同时出现且相互转化。

3. 易蒸发性

甲、乙类油品大都是蒸汽压较大的液体，易产生能引起燃烧所需要的最低限度的蒸汽量。蒸汽压越大，燃烧爆炸危险性越大。目前，在油品码头，由于尚未做到全密闭作业，在各装卸作业场所均不同程度地存在因蒸发而产生的可燃性油气。

4. 易积聚静电荷性

原油、汽油、苯、甲苯、液化烃等油品在装卸、储运过程中，易产生和积聚静电。静电放电是导致火灾、爆炸事故的一个重要原因。

5. 易流淌、扩散性

油品的黏度一般较小，容易流淌，一旦泄漏，将涉及较大的面积，扩大危险区域。另外，

油品的蒸汽一般比空气重，易滞留在地表、水沟、下水道及凹坑等低洼处并且随风扩散到远处预想不到的地方遇火源而引起火灾、爆炸事故。液化烃的扩散危险性更为突出。液化烃的储存、装卸及运输通常都是在压力下进行的，一旦发生泄漏，液化烃将高速喷射并急速汽化、膨胀且扩散，在短时间和较大范围内产生大量可燃性蒸汽云，发生火灾、爆炸的危险性很大。

6. 热膨胀性

油品受热后，温度升高，体积膨胀，若容器灌装过满，超过安全容量，再加上管道输油后不及时排空，又无泄压装置，便可能导致容器或管件的损坏，引起油品外溢、渗漏，增加火灾、爆炸危险性。

7. 接触氧化剂、强酸等

液化烃、可燃液体遇氧化剂或强酸，通常会发生剧烈反应而燃烧，增大火灾危险性。

（二）氧化剂

氧化剂的种类很多，对油品码头来说，油品装卸暴露在空气中，空气中的氧气是油品码头火灾、爆炸事故发生的天然氧化剂。

（三）点火源

1. 明火

明火主要是指生产过程中的焊接或切割动火作业、现场吸烟、机动车辆排烟喷火等。明火是导致火灾、爆炸事故的最常见、最直接的原因。

（1）焊接、切割动火作业引发的火灾爆炸事故占较大比例，其危险性主要有以下几方面。

焊接、切割作业本身就具有火灾、爆炸危险性。作业时使用的乙炔、丙烷、氢气等能源，都是易燃、易爆气体，气瓶又是压力容器，作业中飞溅的金属熔渣温度很高，若接触到可燃物质，能引起燃烧、爆炸；作业时产生的热传导，可能引起焊割部件另一端（侧）的可燃物质燃烧或爆炸。

违章进行动火作业，往往导致火灾、爆炸事故的发生：①对焊割部件的内部结构、性质未了解清楚，就盲目动火；②未按规定办理动火许可证，就急于动火；③动火前在现场没有采取有效的安全措施，如隔绝、清洗、置换等；④动火前未按规定进行采样分析和测爆；⑤动火作业结束后遗留火种等。

（2）现场吸烟：燃烧的烟头表面温度达到200℃～300℃，远高于油品的燃点。打火机、火柴或烟头点燃时散发的能量也大大超过油气所需要的点燃能量。因此，在油品码头特别是在散发油气较多的装卸作业现场吸烟是非常危险的，极易引起火灾、爆炸事故。

（3）机动车辆排烟喷火：汽车及其他机动车辆（如拖拉机、消防车等）一般都以汽油或柴油做燃料，在它们排出的尾气中夹带着火星、火焰。若未安装阻火器，有可能引发车辆所在或所经过地区（如火车栈桥、汽车装车站、灌桶间等）的火灾、爆炸事故。

2. 设备设施质量缺陷或故障

（1）由于设计、选型工作中的失误，有时造成某些电气设备设施选用不当，不满足防火、防爆的要求，不具备本质安全性，在这种情况下容易引起火灾爆炸事故。

（2）存在质量缺陷或发生故障的电气设备在运行过程中可能造成电气设备过热或产生电火花，甚至引发电气火灾事故，进而引起油品码头的火灾爆炸事故。

3. 储运设备设施质量缺陷或故障

（1）储罐（特别是液化烃储罐）、油泵、输油臂、鹤管、管道及船舶等储运设备设施主体，若在选材、制造和安装中存在质量缺陷，在运行一段时间后，受腐蚀、老化及不正常操作的影响而发生故障，有可能导致油品泄漏、扩散等事故，为火灾、爆炸事故的发生埋下隐患。

（2）储运设备设施的附件和安全装置，如阀门、法兰、安全阀、呼吸阀、检测仪表、遥控装置、连锁保护装置等，若存在质量缺陷或在运行过程中遭损坏，很可能引起火灾、爆炸事故。

4. 工程技术和设计缺陷

工程技术和设计上的缺陷通常体现在：建构筑物的布局不尽合理，防火间距不够；建筑构造物的防火等级达不到要求；消防设施不配套；装卸工艺及流程不合理等。工程技术和设计上的缺陷有可能引起火灾爆炸事故的发生，但更主要的是导致事故的扩大和蔓延，加大损失。

5. 静电放电

油品在储罐、火车槽车、汽车槽车、油桶及管道设备中进行装卸、输送作业时，由于流动、被搅动、冲击，易产生和积聚静电。若防静电措施不落实，静电荷将得以积累。当积聚的静电荷放电能量大于可燃混合气体的最小点燃能量，并且在放电间隙油品蒸汽和空气混合物的浓度正好处于爆炸极限范围时，将引起爆炸、火灾事故。火车和汽车槽车装油过程中的静电危害尤为突出。

此外，人体携带静电的危害也不容忽视。人体表皮有一定的电阻，当人们穿化纤衣服同时又穿胶鞋或塑料鞋之类的绝缘鞋时，由于行走、运动等的摩擦，极易带上能引起火灾、爆炸的静电。

6. 雷击及杂散电流

建筑物（包括储罐）的防雷设施不齐备或防雷接地措施不力，有可能在雷雨天因雷击发生火灾、爆炸事故，而且往往是重大事故。杂散电流窜入危险性作业场所也是火灾、爆炸事故的起因之一。

7. 其他起因

其他起因包括撞击与摩擦、人为蓄意破坏及地震、飓风、强浪等自然灾害。

归结起来，油品码头火灾爆炸事故的发生，是油品固有的危险特性、设备设施的不安全状态、作业人员的不安全行为及不利的地域、气象条件等因素相互作用的结果。

三、安全管理对策

（一）通用管理对策

首先应建立、健全安全卫生管理体系，制定严格的规章制度，制定科学、严格的安全技术操作规程，严格工艺管理，强化操作控制，实行安全生产岗位责任制，实现全面安全管理，设置专门的安全卫生管理机构，配备安全卫生监管人员，并配备必要的安全卫生监测仪器和现场急救设备。

码头应配备《国际油轮及码头安全指南》（以下简称《指南》）等文件，所有有关人员均应熟悉和掌握《指南》的内容，并严格按照《指南》及《船舶载运散装油类安全与防污染监督管理办法》《液化气体船舶安全作业要求》等规定或标准的要求，认真组织和开展装卸作业。

码头及库区作业人员均应接受操作技能、设备使用、作业程序、安全防护和应急反应等方面的教育与培训。对国家规定的特种作业人员，特别是液化石油气装卸储运操作人员，必须经考核合格后，持证上岗。

（二）具体管理对策

1. 禁止明火

加强管理，杜绝携带任何火种进入库区，严禁在库区吸烟，禁止违章动火等。

2. 防电气火花

加强电气设备的日常检查和维护，发现隐患及时整改，防止因开关断开、接头不良、短路、漏电等而引起电气火花。

3. 防静电火花

罐体、管路要采取防静电接地措施，并做好日常检查和维护工作，保障可靠有效。此外，进入库区，工作人员应穿防静电工作服（包括鞋、袜等），严禁穿化纤等易产生静电火花的衣服。

4. 防雷

加强防雷设施的日常管理和维护，按照有关规范要求的内容和周期做好检查工作，保障可靠有效。

5. 防杂散电流

在管道的始、末端或杂散电流可能流入的管端设置绝缘法兰，在管道隔断处或交叉处装设跨接导线等设施。

6. 防碰撞摩擦火

库区内操作工具应采用有色金属材料，严禁采用钢制扳手等易产生碰撞火花的工具开启阀门等。装卸油桶应轻拿轻放，严禁摔打、碰撞，以减少碰撞火花。

7. 防自燃

设备检修和擦洗油罐使用过的棉布、棉纱应及时清理，避免因长期堆放而发生自燃引起火灾。

（三）码头安全管理

（1）码头是油库的要害部位，严禁无关船只、人员在码头停靠、作业、逗留和吸烟。运油船只停靠码头，必须悬挂危险信号，禁止使用明火，锅炉及生活用火必须关闭。运油船只严禁同船装运性质相抵触的物品，遇雷雨天气，立即停止装卸作业。

（2）码头装卸汽、煤油等轻质油料时，其他船只一律不准在同一码头停靠，并派出消防人员备带消防器材值班监护。

（3）装卸桶装油品时，必须轻装轻卸，严禁油桶撞击、滚筒。

（4）未经领导和消防队同意，不准在码头挂设临时电线，码头吊车应有专人操作，禁止一切机动车辆驶入码头。

（5）运油船只装卸完毕应立即离开，阀门上锁，上好法兰盘。

（6）码头上严禁堆放空桶、实桶和其他物质，经常打扫、保持清洁。

四、装卸油时的注意事项

（1）作业前，船方应同供油或受油单位共同研究有关作业程序、联系信号和安全措施等。

（2）装卸作业前，应堵好甲板排水孔，关好有关通海阀；检查油类作业的有关设备，使其处于良好状态；对可能发生溢漏的地方，要设置集油容器；接好静电接地线；会同油品质量管理人员验舱，不符合质量要求的不能装船。

（3）严禁蒸汽机船和与油船工作无关的船舶系靠；系靠船舶应遵守所在港口的规定，烟囱不得冒火星，也不准有任何明火。

（4）装卸甲、乙油品时，必须通过密闭管道进行，严禁灌舱作业。灌装中应与司泵工保持联系，掌握流速。

（5）接触油管时，应先接静电地接线，后接输油管；拆卸时，先拆输油管，后拆静电地接线。静电地接线要接地良好，电缆规格应符合规范要求。

（6）在油舱附近必须备好灭火器、黄沙、水带等消防和防油污器材，并保持良好状态，以防万一。

（7）监视油船起伏情况。呼吸阀应处于良好工作状态。停止作业时，必须关好阀门；收解输油软管时，必须事先用盲板将软管封好，或采取其他有效措施，防止软管存油倒流入水域。

（8）装油结束后，会同船方检舱封舱，并应在每个出油口施加铅封。油船应将油类作业情况按规定准确计入《油类记录簿》。

（9）码头作业时，必须与船方值班员会同作业，不得单独作业。

（10）油船要随时保持适航性，一旦发生意外，立即离泊；遇有影响适航的检修而无法离泊的情况时，必须采取有效措施，确保安全。

第六节　石油管道储运防火防爆

一、石油管道储运存在的危害

（一）管道腐蚀

储运系统管道工程中，大多数采用金属管材。由于大多油品都具有一定的腐蚀性，金属管材在使用过程中易发生腐蚀，同时由于金属热传导性好，在输送介质过程中会损失大量热量，因此管道的防腐和绝热工作十分重要。管道的腐蚀是石油储运管道发生事故的最主要原因之一。

管道腐蚀中由于土壤之间的透气性差异引起的腐蚀的例子比较多见。管道的腐蚀会造成管道很多地方壁厚变薄，导致管道的变形和破裂，甚至可能穿孔发生石油泄漏事故。

（二）人为引起的危害

据统计，我国的石油管道运输事故，有将近两成的事故是由于违规操作引起的。人为引起的危害包括：误操作、违章指挥、紧急情形下作业失误。

（三）盗油现象时有发生

由于石油生产的特点及采油区域偏远，致使盗油活动非常多。而且随着社会的发展及石油价格的攀升，越来越多的不法分子加入盗油活动中，很多都已经发展成为团伙作案。不法分子打孔盗油造成油品的泄漏，对环境造成严重污染，对石油运输管道的危害很大。

（四）地震危险区域长输距离管道受危害较大

石油输送管道由于距离长，管道经过的区段不同，在地震危险带区域，其受地震的影响，产生的破坏程度很大。某一段管道发生了损坏，将可能导致整个输送管道的瘫痪，并可能导致重大经济损失。而且，管道由于输送的石油属于易燃物品，地震时遭到的破坏可能会引起次生灾害的发生，危及附近厂区及居民的安全。

（五）产生静电荷，引起火灾

在运输的过程中，原油各种成分之间、原油与管道及设备的摩擦将会产生静电负荷。如果储运管道未接地，管道容易聚集静电荷而产生静电电位导致火花放电，引起火灾。

二、改善石油管道储运安全措施

（一）减少人为因素的影响

人为因素是不安全因素中最为不定的因素，也是保证安全生产的主要方面。必须采取积极有效的方法消除人为不安全行为。

（1）制定严格的规章制度。规范作业员工的安全行为，制定员工行为标准，使员工以此为导向，规范好自己的行为，安全生产。

（2）安全培训，对员工进行各种形式的安全教育，提高员工的安全作业素质，防止事故发生。

（3）强化监督管理。监督检查各种不完全因素，通过检查发现管道设施的缺陷，及时进行管道的补漏修复，并监督员工的行为，避免由于误操作而发生管道憋压引起事故。

（4）全面提高员工技能，加强员工技术能力培训，提高员工技术素质，防止违规和误操作的发生。

（5）改善工作环境。人为行为有些是由于设备的条件引起的，还有些是安全设施及布局和工作环境差所引起的，因此应当努力改善工作条件，降低不安全行为的发生。

（6）使用安全性标志，安全标志可以提醒作业人员提高警惕，注意安全，防止发生意外事故。

（二）做好石油储运管道的防腐措施

石油管道从设计、施工到运行，都要做好防腐措施，特别是海底管道，常年浸泡在海水中，其防腐显得尤为重要，对海洋油气输送管道的质量要求也较高。在做好管道的防腐蚀设计时，应针对管道的环境特点，提出管道内、外腐蚀的技术要求，做出外防腐蚀涂层、现场补口和阴极保护系统等详细方案。海底管道应当做好防腐涂层，对涂层应当要求具备抗拉伸和抗弯曲、抗水渗透、抗阴极剥离及良好的黏附性等特点。

（三）改进反盗油工作

随着石油经济的发展，盗油行为给石油企业造成越来越大的经济损失，而且影响安全。严厉打击偷油违法犯罪行为，制定相关的法律法规，加大打击力度。石油企业及相关公安系统应当通力合作，应在输油管道的重点区段实施监控。管道途经的地方政府及生活区应当加强对管道的保护，实施举报奖励制度，对举报偷油犯罪分子实施奖励。

（四）管道的防震措施

地震会导致地层的断裂及错位，这样会使其上面的管道发生扭曲甚至断裂而致使管道发生损坏，因地震而造成的管道破坏应引起有关部门的重视。

石油输送管道采取的防震措施主要有：对经过地震带的管道应当加强焊接质量，对焊接口应进行全面的射线及超声波探伤检查；管道通过地震带中的农田和池塘或者河流时，应当设置截断阀，并在截断阀的两端管道上预留接口；管道经过滑坡区域时，应对该段的管道进行稳定性验算；管道穿过建筑物时，应该与建筑物的基础留有一定距离，建议可以采用地沟或者架空铺设管道。我国海洋石油管道大多处在地震地带，要求管道工程建设具有抗震能力。

（五）做好储运管道的防静电措施

石油储运管道应该做好防静电接地措施，管道应该与地面接连牢靠，而且应当避免接地的电阻值过大，应当使得管道的接地电阻符合要求规范。

第六章　防火防爆基本技术

第一节　火灾和爆炸的监控

火灾具有突发性和随机性，它常在人们不注意的情况下发生。长期以来，人们主要依靠直觉（视觉、触角和嗅觉）发现火灾，利用人力、机械扑灭火灾。近几十年来，随着科学技术的进步和生产的迅速发展，尤其是材料工业、机械工业、电子自动化工业、化学工业的突飞猛进，为火灾的探测、报警、消防的自动化联合控制提供了坚实基础。

一、火灾自动报警系统的工作原理及组成

（一）火灾自动报警系统的工作原理

火灾自动报警系统的工作原理是被保护场所的各类火灾参数由火灾探测器或经人工发送到火灾报警控制器，控制器将信号放大、分析、处理后，以声、光、文字等形式显示或打印出来，同时记录下时间，根据内部设置的逻辑命令自动或由人工手动启动相关的火灾警报设备和消防联动控制设备，进行人员的疏散和火灾的扑救。

（二）火灾自动报警系统的组成

火灾自动报警系统由触发器件、火灾报警装置、火灾警报装置、电源及具有其他辅助控制功能的装置所组成。它能在火灾初期，将燃烧产生的烟雾、热量、光辐射及变化的空气组分等物理量，通过感温、感烟、感光及气体浓度等火灾探测器变成电信号，传输给火灾报警控制器，并同时显示出火灾发生的部位，记录火灾发生的时间。一般来说，火灾自动报警系统和自动喷水灭火系统、室内消火栓系统、防烟排烟系统、通风系统、空调系统、防火门、防火卷帘门、挡烟垂壁等相关系统联动，通过自动或手动方式发出指令，控制外围联动装置的启停并接收其反馈信号。

1. 触发器件

在火灾自动报警系统中，自动或手动产生火灾报警信号的器件称为触发器件，主要包括火灾探测器和手动报警按钮。火灾探测器是能对火灾参数（如烟、温、光、火焰辐射、气体浓度等）响应，并自动产生火灾报警信号的器件。按响应火灾参数的不同，火灾探测

器分成感烟火灾探测器、感温火灾探测器、感光火灾探测器、可燃气体探测器和复合火灾探测器五种基本类型。不同类型的火灾探测器适用于不同类型的火灾和不同的场所。手动报警按钮是手动方式产生火灾报警信号的器件，也是火灾自动报警系统中不可缺少的组成部分之一。现代消防设施中的重要部件，如自动喷水灭火系统中的压力开关、水流指示器、供水阀门等，由于其所处状态直接反映出系统的当前状态，关系到灭火行动的成败，因此，在很多工程实践中，已将此类与火灾有关的信号传送至火灾报警控制器。

2. 火灾报警装置

在火灾自动报警系统中，用以接收、显示和传递火灾报警信号，并能发出控制信号和具有其他辅助功能的控制指示设备称为火灾报警装置。火灾报警控制器就是其中最基本的一种。火灾报警控制器担负着为火灾探测器提供稳定的工作电源，监视探测器及系统自身的工作状态，接收、转换、处理火灾探测器输出的报警信号，进行声光报警，指示报警的具体位置及发生事故的时间，同时执行相应的辅助控制等诸多任务，这是火灾报警系统中的核心组成部分。

在火灾报警装置中，还有一些如中继器、区域显示器、火灾显示盘等功能不完整的报警装置，它们可视为火灾报警控制器的演变或补充，在特定条件下应用，与火灾报警控制器同属火灾报警装置。

火灾报警控制器的基本功能主要有：主电源、备用电源自动转换；备用电源充电；电源故障检测；电源工作状态指示；为探测器回路供电；控制器或系统故障声光报警；火灾声、光报警；火灾报警记忆；时钟单元；火灾报警优先故障报警；声报警音响消音及再次声响报警。

3. 火灾警报装置

在火灾自动报警系统中，用以发出区别于环境声、光的火灾警报信号的装置称为火灾警报装置。声光报警器就是一种最基本的火灾警报装置，通常与火灾报警控制器（如区域显示器、火灾显示盘、集中火灾报警控制器）组合在一起，它以声、光方式向报警区域发出火灾警报信号，以提醒人们展开安全疏散、灭火救灾等行动。

警铃、讯响器也是一种火灾警报装置，火灾时接收由火灾报警装置通过控制模块、中间继电器发出的控制信号，发出有别于环境声音的音响。它们大多安装于建筑物的公共空间部分，如走廊、大厅。

4. 控制装置

在火灾自动报警系统中，当接收到来自触发器件的火灾信号后，将自动或手动启动相关消防设备并显示其工作状态的装置，称为控制装置。控制装置主要包括：火灾报警联动一体机；自动灭火系统的控制装置；室内消火栓的控制装置；防烟排烟控制系统及空调通风系统的控制装置；常开防火门、防火卷帘的控制装置；电梯迫降控制装置；火灾应急广播；火灾警报装置；消防通信设备；火灾应急照明及疏散指示标志的控制装置十类控制装置中的部分或全部。控制装置一般设置在消防控制中心，以便实行集中统一控制。如果控制装置位于被控消防设备所在现场，其动作信号则必须返回消防控制室，以便实行集中与分散相结合的控制方式。

5. 电源

火灾自动报警系统属于消防用电设备，其主电源应当采用消防电源，备用电源一般采用蓄电池组。系统电源除为火灾报警控制器供电外，还为与系统相关的消防控制设备等供电。

二、火灾探测器的分类及工作原理

（一）火灾探测器的分类

火灾探测器的分类比较复杂，常用的分类方法有以下几种。

1. 按探测器的结构造型分

按探测器的结构造型可分为点型火灾探测器和线型火灾探测器。点型火灾探测器是一种响应某一点周围的火灾参数的火灾探测器；线型火灾探测器是一种响应某一连续线路周围的火灾参数的探测器，其连续线路可以是“光路”，也可以是实际的线路或管路。

2. 按响应的火灾参数不同分

按响应的火灾参数不同可分为感烟式、感温式、感光式、可燃气体和复合式火灾探测器等。

3. 按使用环境的不同分

火灾探测器按使用环境的不同可分为陆用型、船用型、耐寒型、耐酸型、耐碱型、防爆型等。

（二）火灾探测器的工作原理

1. 感烟火灾探测器

感烟火灾探测器是响应环境烟雾浓度的探测器，根据探测烟范围的不同，感烟探测器可分为点型感烟探测器和线型感烟探测器。其中点型感烟探测器可分为离子感烟探测器和光电感烟探测器，光电感烟探测器又可分为散射光型和遮光型探测器；线型感烟探测器可分为红外光束、激光等火灾探测器。

（1）离子感烟探测器

离子感烟探测器是利用电离室离子流的变化基本正比于进入电离室的烟雾浓度大小来探测烟雾浓度的。电离室内的放射源将室内的纯净空气电离，形成正负离子，当两个收集极板间加一电压后，在极板间形成电场，在电场的作用下，离子分别向正负极板运动形成离子流；当烟雾粒子进入电离室后，由于烟雾粒子的直径大大超过被电离的空气粒子的直径，因此，烟雾粒子在电离室内对离子产生阻挡和俘获的双重作用，从而减少离子流，发出火灾报警信号。

（2）光电感烟探测器

光电式感烟探测器是利用烟雾能够改变光的传播特性这一基本性质而研制的。根据烟雾粒子对光线的吸收和散射作用，光电感烟探测器又分为散光型和遮光型两种。散光型光电感烟探测器的工作原理是当烟雾粒子进入光电感烟探测器的烟雾室时，探测器内的光源发出的光线被烟雾粒子散射，其散射光使处于光路一侧的光敏元件感应，光敏元件的响应与散射光的大小有关，且由烟雾粒子的浓度所决定。如探测器感受到的烟雾浓度超过一定限量时，光敏元件接收到的散射光的能量足以激励探测器动作，从而发出火灾报警信号。

（3）红外光束感烟探测器

红外光束感烟探测器为线型火灾探测器，其工作原理和遮光型光电感烟探测器相同。它由发射器和接收器两个独立部分组成，作为测量用的光路暴露在被保护的空间，且加长了许多倍。如果有烟雾扩散到测量区，烟雾粒子对红外光束起到吸收和散射的作用，使到达受光元件的光信号减弱，当光信号减弱到一定程度时，探测器发出火灾报警信号。

（4）激光感烟探测器

其工作原理与对射式红外光束感烟探测器相同，不同之处是光源。激光具有方向性强、亮度高、单色性和抗干扰性能好等优点。

2. 感温火灾探测器

感温火灾探测器是对警戒范围中的温度进行监测的一种探测器。物质在燃烧过程中释放出热量，使环境温度升高，致使探测器中热敏元件发生物理变化，从而将温度转变为电信号，传输控制器，由其发出火灾信号。根据其结构造型的不同分为点型感温探测器和线型感温探测器；根据监测温度参数的特性不同，可分为定温式、差温式及差定温组合式三类。定温类火灾探测器用于响应环境的异常高温；差温类火灾探测器响应环境温度异常变化的升温速率；差定温火灾探测器则是以上两种火灾探测器的组合。

（1）点型定温火灾探测器

点型定温火灾探测器的工作原理是：当它的感温元件被加热到预定温度值时发出报警信号。它一般用于环境温度变化较大或环境温度较高的场所，用来监测火灾发生时温度的异常升高。常见的点型定温火灾探测器有双金属型、易熔合金型、水银接点型、热敏电阻型及半导体型几种。

（2）点型差温火灾探测器

当火灾发生时，室内局部温度将以超过常温数倍的异常速率升高。差温火灾探测器就是利用对这种异常速率产生感应而研制的一种火灾探测器。当环境温度以不大于 1℃ /min 的温升速率缓慢上升时，差温火灾探测器将不发出火灾报警信号，较为适用于产生火灾时温度快速变化的场所。点型差温火灾探测器主要有膜盒差温、双金属片差温、热敏电阻差温火灾探测器等几种类型。

（3）点型差定温火灾探测器

差定温火灾探测器是将差温式、定温式两种感温探测器结合在一起，同时兼有两种火灾探测功能的一种火灾探测器。其中某一种功能失效，则另一种功能仍起作用，因而大大提高了可靠性，使用相当广泛。点型差定温火灾探测器主要有膜盒差定温、双金属差定温和热敏电阻差定温火灾探测器 3 种。

（4）线型感温火灾探测器

线型感温火灾探测器的热敏元件是沿一条线路连续分布的，只要在线段上的任何一点上出现温度异常，就能感应报警。常用的有缆式线型定温火灾探测器和空气管线型差温火灾探测器两种。

缆式线型定温火灾探测器是对警戒范围中某一线路周围温度升高响应的火灾探测器。这种探测器的结构一般用两根涂有热敏绝缘材料的载流导线铰接在一起，或者是同芯电缆，电缆中的两根载流芯线用热敏绝缘材料隔离起来。在正常工作状态下，两根载流导线间呈高阻状态；当环境温度升高到或超过规定值时，热敏绝缘材料熔化，造成导线短路，或使热敏材料阻抗发生变化，呈低阻状态，从而发出火灾报警信号。

空气管线型差温火灾探测器是以空气管为敏感元件的线型感温火灾探测器。它由空气管和膜盒及电路部分组成。空气管由细铜管或不锈钢管制成，并与膜盒连接构成气室。

当环境温度缓慢变化时，空气管内空气受热膨胀后，从膜盒的漏气孔泄出，因此不会推动波纹片，电接点不会闭合；当环境温度上升很快时，空气管内的空气受热膨胀迅速，来不及从膜盒的漏气孔泄出，膜盒内压力增加，推动波纹片位移，使接点闭合，从而产生火灾报警信号。

3. 感光火灾探测器

物质在燃烧时除了产生大量的烟和热外，也产生波长为 4×10^{-7} m（400 nm）以下的紫外光、波长为 4×10^{-7} ~ 7×10^{-7} m（400 ~ 700 nm）内的可见光和波长为 7×10^{-7} m（700 nm）以上的红外光。由于火焰辐射的紫外光和红外光具有特定的峰值波长范围，因此，感光火灾探测器可以用来探测火焰辐射的红外光和紫外光。感光火灾探测器又称火焰探测器，它是用于响应火灾的光学特性即辐射光的波长和火焰的闪烁频率，可分为红外火焰探测器和紫外火焰探测器两种。感光火灾探测器对火灾的响应速度比感烟、感温火灾探测器快，其传感元件在接收辐射光后几毫秒，甚至几微秒内就能发出信号，特别适用于突然起火而无烟雾的易燃易爆场所。由于它不受气流扰动的影响，是唯一能在室外使用的火灾探测器。

4. 可燃气体探测器

可燃气体的危险性在于当其浓度达到一定值时，遇明火可产生燃烧爆炸。可燃气体探测器就是用来探测可燃气体在某一位置或区域内的浓度。它的动作阈值通常选在远低于可燃气体燃烧或爆炸浓度的下限以下，一般在爆炸极限值的 1/6 ~ 1/4。较为常用的可燃气体探测器有 3 种类型：催化型可燃气体探测器、半导体型可燃气体探测器和三端电化学式可燃气体探测器。

5. 复合型火灾探测器

现实生活中往往因为火灾类型的不确定性及火灾探测器本身的缺陷，容易导致延误报警甚至漏报火情。在不增加探测器数量和类型的前提下，为了尽量降低误报、漏报和实现早期报警，人们提出了将多种探测功能集于一体的复合型火灾探测器概念。从探测火灾的角度讲，只要技术上可行，可任意将探测功能复合，如感烟与感温、感烟与感光、感温与感光、感烟与可燃气体等。目前，市场上出现的三元复合火灾探测器就是将光电感烟、感温、一氧化碳 3 种探测功能进行复合。这种探测器具有多参数输入单结果输出的特点，因而对各种烟雾均有很高的灵敏度，可安装在任何场所。

6. 新型火灾探测器及探测技术

随着对火灾现象的深入研究，人们发现在燃烧区域内空气的组分会发生显著变化，如空气中一氧化碳的浓度会升高、现场空气中会弥漫一股物体烧焦的“煳味”，同时伴随着燃烧物质因膨胀变形而发出不同频率的声音等现象。因此，人们就研究出以一氧化碳浓度、气味、次声波为探测对象的探测器。

（1）一氧化碳探测器

研究认为这种探测器有如下明显优点：由于空气中一氧化碳含量的变化早于烟雾和火焰的生成，因此，这种探测器比感烟、感温探测器的响应速度高；由于一氧化碳比空气轻，扩散到天花板顶部比烟雾更容易，所以易使探测器响应；对昆虫、香烟、烹调不敏感；无放射性；比一般需要加热的气敏元件功耗低很多。但这种探测器的生产成本较高。

（2）气味探测器

很多人有这样的经验，即在出现火灾危险前最先觉察到的器官往往是鼻子。德国的一家公司研究了一种识别早期火灾的新技术，利用高灵敏度气体分析技术检测、鉴别火灾早期阶段产生的气体及气味物质，即对各种不同的应用场所使用不同的传感元件，这种元件的高灵敏度和可靠性大大降低了误报率。

（3）光纤火灾探测器

在工业区、煤矿、军事或民用设施中，经常有电磁干扰、高压电流，甚至存在爆炸的危险。在这种环境条件下，远程光纤火灾探测器的功能和特性要远远超过普通的探测器。

（4）高灵敏度火灾探测器报警系统

这主要是指吸气式极早期火灾智能报警系统。它主动通过 PVC 塑料管（或特制的薄壁铝合金管）采集保护区域的空气，在控制主机中利用先进的激光侦测技术，对空气中的烟雾粒子进行计数，当烟雾粒子的个数达到一定值时就发出报警信号，因此它比传统火灾探测器灵敏度高，能实现极早期火灾报警，为人员的疏散和处置事故赢得更多的时间。由于其是通过 PVC 管抽取空气，因此位于保护区域的探测部分是无电源和无信号线的，更适用于防爆和强电磁干扰的场所。

（5）模拟量探测技术

模拟量火灾报警系统中的火灾探测器相当于传感器，它本身不再对是否发生火灾做出判断，而是实时地将环境中的火灾参数发送回控制主机，由控制主机根据内部设定的软件和算法来分析、判断当前环境是否发生火灾。模拟量报警系统不仅可以查询到每个火灾探测器的地址，而且能报出传感器的模拟输出量，逐一监视和分级报警，明显地改进了系统的使用和维护状态。系统组件的故障可以被迅速地探出，并可以确定是否需要进行预防性检修，必须检修时可采取清洗传感器灰尘等处理方法。响应阈值自动浮动式模拟量报警系统，不仅可以报出传感器的模拟输出量，而且可在报警和非报警状态之间自动地调整它们的响应阈值，从而使误报大大降低。

（6）分布智能探测技术

与模拟量探测技术相比，分布智能探测技术将一部分智能从中央控制器中分离出来，降低了总线的信息负荷，提高了系统的响应速度。智能探测器的内置CPU能自行处理数据，将伪火警曲线、室内火灾实验数据模型及现场火灾实验数据模型与实际数据进行比较分析，得出是否发生火警并将此结论信息送给控制器。控制器根据其探测逻辑，将探测器返回的数据进行最终的分析判断。同时探测器的内置CPU自动检测和跟踪由灰尘积累、电磁干扰而引起的工作状态漂移并对其进行补偿，使得探测器在积尘及有电磁干扰的状态下能维持原探测器真正的探测能力，避免误报。当这种漂移超出给定范围时，将会自动发出维护警告，分类提醒。与分布智能探测器相配套的控制器能提供三级探测器灵敏度，可以由人工设定也可以通过软件调整现场的探测灵敏度，同时具有白天、黑夜、节假日灵敏度自动调整功能，根据事先设定的报警极限选择报警灵敏度。

三、火灾报警及控制

（一）机械加压送风防烟

机械加压送风防烟就是对建筑物的某些部分送入足够量的新鲜空气，使其维持高于建筑物其他部位一定的压力，从而使其他部位因着火所产生的火灾烟气或因扩散所侵入的火灾烟气被堵截于加压部位之外。设置机械加压送风防烟系统的目的，是在建筑物发生火灾时，提供不受烟气干扰的疏散路线和避难场所。因此，加压部位在关闭门时，必须与着火楼层保持一定的压力差（该部位空气压力值为相对正压）；同时，在打开加压部位的门时，在门洞断面处能有足够大的气流速度，以有效地阻止烟气的入侵，保证人员安全疏散与避难。

1. 机械加压送风防烟系统的组成

（1）对加压空间的送风

对加压空间的送风通常是依靠通风机通过风道分配给加压空间中必要的地方。这种空气必须吸着室外，并不应受到烟气的污染。加压空气不需要做过滤、消毒或加热等任何处理。

（2）加压空间的漏风

任何建筑物空间的围护物，都不可避免地存在漏风途径，如门缝、窗缝等。因此，加压空间和相邻空间之间的压力差必然会造成从高压侧到低压侧的漏风。加压空间和相邻空间的严密程度将决定漏风量的大小。机械排烟的基本原理就是利用排烟风机把发生火灾区域内所产生的高温烟气通过排烟口排至室外。

2. 机械排烟设置的部位

根据《建筑设计防火规范》(GB 50016—2014)的规定，民用建筑的下列场所或部位应设置排烟设施：①设置在一、二、三层且房间建筑面积大于 100 m² 的歌舞娱乐、放映游艺场所，设置在四层及以上楼层、地下或半地下的歌舞娱乐、放映游艺场所；②中庭；③公共建筑内建筑面积大于 100 m² 且经常有人停留的地上房间；④公共建筑内建筑面积大于 300 m² 且可燃物较多的地上房间；⑤建筑长度大于 20 m 的疏散走道。

地下或半地下建筑（室）、地上建筑内的无窗房间，当总建筑面积大于 200 m² 或一个房间建筑面积大于 50 m²，且经常有人停留或可燃物较多时，应设置排烟设施。

3. 机械排烟方式和系统组成

（1）机械排烟方式

机械排烟可分为局部排烟和集中排烟两种方式。局部排烟方式是在每个需要排烟的部位设置独立的排烟风机直接进行排烟；集中排烟方式是将建筑物划分为若干个区，在每个区内设置排烟风机，通过排烟风道排烟。局部排烟方式投资大，而且排烟风机分散，维修管理麻烦，所以很少采用。如采用，一般与通风换气要求相结合，即平时可兼作通风排气使用。

（2）机械排烟系统组成

机械排烟系统是由挡烟壁（活动式或固定式挡烟壁，或挡烟隔墙、挡烟梁）、排烟口（或带有排烟阀的排烟口）、防火排烟阀门、排烟道、排烟风机和排烟出口组成。

4. 防排烟设施的控制

防排烟系统电气控制的设计，是在选定自然排烟、机械排烟、自然与机械排烟并用或机械加压送风方式以后进行，一般排烟控制有中心控制和模块控制两种方式：①中心控制方式：消防中心接收到火警信号后，直接产生信号控制排烟阀门开启、排烟风机启动，空调、送风机、防火门等关闭，并接收各设备的返回信号和防火阀动作信号，监测各设备的运行状况。②模块控制方式：消防中心接收到火警信号后，产生排烟风机和排烟阀门等动作信号，经总线和控制模块驱动各设备动作并接收其返回信号，监测其运行状态。机械加压送风控制的原理与过程相似于排烟控制，只是控制对象变成为正压送风机和正压送风阀门。

（二）火灾事故广播和警报装置

火灾警报装置（包括警铃、警笛、警灯等）是发生火灾时向人们发出警告的装置，即告知人们着火了，或者有什么意外事故。火灾事故广播是火灾时（或意外事故时）指挥现场人员进行疏散的设备。由于两种设备各有所长，因此在火灾发生初期，两者交替使用，效果较好。

1. 火灾事故广播的设置范围和技术要求

《火灾自动报警系统设计规范》(GB 50116—2013)规定：控制中心报警系统应设置火

灾应急广播系统；集中报警系统宜设置火灾应急广播系统。按照规范的规定，火灾事故广播系统在技术上应符合以下要求。

（1）对扬声器设置的要求

①在民用建筑里，扬声器应设置在走道和大厅等公共场所，每个扬声器的额定功率不小于 3 W，其间距应保证从一个防火分区的任何部位到最近一个扬声器的步行距离不大于 15 m，走道末端扬声器距墙不大于 18 m；②在环境噪声大于 60 dB(A）的工业场所，设置的扬声器在其播放范围内远点的声压级应高于背景噪声 15 dB(A）；③客房独立设置的扬声器，其功率一般不小于 1 W；④火灾事故广播线路应独立敷设，不应和其他线路（包括火警信号、联动控制等线路）同管或同线槽、孔敷设。

（2）火灾事故广播播放疏散指令的控制程序

①地下室发生火灾，应先接通地下各层及首层，若首层与 2 层具有大的共享空间时，也应接通 2 层；②首层发生火灾，应先接通本层、2 层及地下各层；③ 2 层及 2 层以上发生火灾，应先接通火灾层及其相邻上、下层。

2. 火灾应急广播与其他广播（包括背景音乐等）合用时的要求

（1）火灾时，应能在消防控制室将火灾疏散层的扬声器和公共广播扩音机强制转入火灾应急广播状态。

（2）消防控制室应能监控用于火灾应急广播时的扩音机的工作状态，并能开启扩音机进行广播。

（3）床头控制柜设有扬声器时，应有强制切换到应急广播的功能。

（4）火灾应急广播应设置备用扩音机，其容量不应小于火灾应急广播扬声器最大容量总和的 15 倍。

3. 火灾警报装置的设置范围和技术要求

相关规范规定：设置区域报警系统的建筑，应设置火灾警报装置；设置集中报警系统和控制中心报警系统的建筑，宜装置火灾警报装置。同时还规定：在报警区域内，每个防火分区至少安装一个火灾警报装置。其安装位置宜设在各楼层走道靠近楼梯出口处。为了保证安全，火灾警报装置应在火灾确认后，由消防中心按疏散顺序统一向有关区域发出警报。在环境噪声大于 60 dB(A）场所设置火灾警报装置时，其声压级应高于背景噪声 15 dB(A)。

第二节　防火防爆安全装置

安全装置是保护设备或生产装置安全运行，防止在异常情况下发生爆炸的装置。防火防爆安全装置在系统发生异常状况时能够阻止灾害发生，避免事态扩大，减少事故损失。

一、防爆泄压装置

当容器在正常的工作压力下运行时，泄压装置保持严密不漏，而一旦容器内压力超过规定，泄压装置就能自动、迅速、足够量地把容器内部的气体排出，使容器内的压力始终保持在最高许可的压力范围以内。

（一）泄压装置的种类

泄压装置按结构形式可分为阀型、断裂型、熔化型和组合型等几种。

1. 阀型安全泄压装置

阀型安全泄压装置的优点是当容器内压力降至正常操作压力时，它即自动关闭，可避免容器因出现超压就得把全部气体排出而造成生产中断和浪费，因此被广泛采用。其缺点是密封性较差，由于弹簧的惯性作用，阀的开启常有滞后现象，当用于一些不洁净的气体时，阀口有被堵塞或阀瓣有被黏住的可能。

2. 断裂型安全泄压装置——爆破片和防爆帽

断裂型安全泄压装置的优点是密封性能好，泄压反应较快，气体内所含的污物对它的影响较小等。

其缺点是泄压后不能继续使用，而且容器也得停止运行，更换新的，一般只被用于超压可能性较少而且不宜装设阀型安全泄压装置的容器上。

3. 熔化型安全泄压装置（易熔塞）

熔化型安全泄压装置的优点是通过易熔合金的熔化，使容器的气体从原来填充有易熔合金的孔中排出而泄放压力，其主要用于防止容器由于温度升高而发生的超压，一般多用于液化气体钢瓶。

4. 组合型安全泄压装置

组合型安全泄压装置包括阀型和断裂型组合及阀型和熔化型组合，阀型和断裂型组合具有阀型和断裂型的优点，即能防止阀型安全泄压装置的泄漏，又可以在排放过高的压力以后使容器继续运行。

（二）主要泄压设施

泄压设备包括安全阀、爆破片、防爆帽、防爆门、防爆球阀、放空阀门等。

1. 安全阀

安全阀按其结构和作用原理可分为静重式、杠杆式和弹簧式等。

2. 防爆片（防爆膜、爆破片）

防爆片的作用是侧重于排出设备内气体、蒸汽或粉尘等发生化学性爆炸时产生的压力。

3. 防爆门（窗）

防爆窗一般装设在燃烧炉（室）外壁上，防爆门应装设在人不常去的地方。

4. 防爆帽（又称爆破帽）

防爆帽的主要元件就是一个一端封闭，中间具有一薄弱断面的厚壁短管。当容器内的压力超过规定，使薄弱断面上的拉伸座力达到材料的强度极限时，防爆帽即从此处断裂，气体由管孔中排出，它适用于超高压容器。

二、阻火设备

阻火设备是防止外部火焰蹿入有燃烧爆炸危险的设备、管道、容器，或阻止火焰在设备和管道内扩展，主要包括安全液封、水封井、阻火器单向阀、阻火闸门、火星熄灭器、防火堤、燃烧池、防火墙等。

（一）安全液封

液封阻火的原理是用非燃烧液体进行阻隔，安全液封一般安装在压力低于 0.02 MPa（表压）的气体管道与设备之间。

（二）水封井

水封井是安全液封的一种，石油化工企业设置在有可燃气体、易燃液体蒸汽或油污的污水管网上，以防止燃烧爆炸沿着污水管网蔓延扩展。

（三）阻火器

阻火器灭火原理是当火焰通过狭小孔隙时，由于热损失突然增大，使燃烧不能继续下去而熄灭。种类有波纹式金属阻火器、砾石阻火器等。

在容易引起燃烧爆炸的高热设备、燃烧室、高温氧化炉和高温氧化器，输送可燃气体、易燃液体蒸汽的管线之间及易燃液体、可燃气体的容器、管道、设备的排气管上，多用阻火器进行阻火。

（四）单向阀

单向阀亦称止逆阀、止回阀，其作用是仅允许流体向一定的方向流动，遇有回流时即自动关闭，可防止高压窜入低压系统而引起管道、容器、设备炸裂。生产中常用的有升降式、摇板式和球式单向阀。

（五）阻火闸门

阻火闸门是为防止火焰沿通风管道蔓延而设置的。在正常情况下，阻火闸门受易熔金属元件的控制而处于开启状态，一旦温度升高使易熔金属熔化时，闸门可自动关闭，阻止火势沿着管道向上下层或邻近蔓延。

（六）火星熄灭器

火星熄灭器又叫防火帽，一般安装在产生火星的设备和装置上或机动车辆的排气管上，以防飞出的火星引燃易燃易爆物质。

三、报警和连锁

（一）报警装置

（1）火灾报警控制器按其用途不同，可分为区域火灾报警控制器、集中火灾报警控制器和通用火灾报警控制器3种基本类型。近年来，随着火灾探测报警技术的发展和模拟量、总线制、智能化火灾探测报警系统的逐渐应用，在许多场合，火灾报警控制器已不再分为区域、集中和通用3种类型，而统称为火灾报警控制器。

区域火灾报警控制器的主要特点是控制器直接连接火灾探测器，处理各种报警信号，是组成自动报警系统最常用的设备之一。

集中火灾报警控制器的主要特点是一般不与火灾探测器相连，而与区域火灾报警控制器相连，处理区域级火灾报警控制器送来的信号，常使用在较大型系统中。

通用火灾报警控制器的主要特点是它兼有区域、集中两级火灾报警控制器的双重特点。通过设置或修改某些参数（可以是硬件或者是软件方面）既可作区域级使用，连接探测器，又可作集中级使用，连接区域火灾报警控制器。

（2）火灾报警控制器按其信号处理方式，可分为有阈值火灾报警器和无阈值模拟量火灾报警控制器。

（3）火灾报警控制器按其系统连接方式，可分为多线式火灾报警控制器和总线式火灾报警控制器。

（二）连锁装置

石油化工生产所使用的连锁装置种类很多，归纳起来大致有以下几种：①成分自控连锁；②温度控制连锁；③压力控制连锁；④液位自调连锁；⑤着火源切断连锁；⑥自动灭火连锁；⑦自动切断物料、自动放空、自动切断电源、自动停车连锁；⑧消防自动报警及其他各种声光报警等。

第三节　防火防爆工艺设计

按照功能不同，石油化工生产工艺装置可分为塔（蒸馏塔、分馏塔、吸收塔等）、器（反应器、换热器、分离器等）、炉（加热炉、裂解炉等）、罐（原料罐、中间产品罐、半成品罐、成品罐等）、泵（油泵、酸泵、水泵等）、机（鼓风机、透风机、压缩机等）等，装置与装置间种类繁多，工艺管线纵横交错。石油化工生产工艺设计得不合理、加工工艺的缺陷、生产原料的腐蚀、操纵压力的波动、机械振动引起的装置损坏及高温深冷等压力容器的破损，易引起泄漏及火灾爆炸安全事故，因此做好石油化工防火防爆工艺设计非常重要。

一、火灾危险性分类

固体的火灾危险性分类应按《建筑设计防火规范》（GB 50016—2014）的有关规定执行。设备的火灾危险分类应按其处理、储存或输送介质的火灾危险性类别确定。房间的火灾危险性分类应按房间内设备的火灾危险性类别确定。当同一房间内，布置有不同火灾危险性类别的设备时，房间的火灾危险性类别应按其中火灾危险性类别最高的设备确定。但当火灾危险类别最高的设备所占面积比例小于 5%，且发生事故时，不足以蔓延到其他部位或采取防火措施能防止火灾蔓延时，可按火灾危险性类别较低的设备确定。

二、石油化工整体防火防爆规划设计

石油化工企业在进行区域安全规划时，应根据石油化工企业及其相邻的工厂或设施的特点和火灾危险性，结合地形、风向等条件，合理布置。有关注意事项如下：①石油化工企业的生产区，宜位于邻近城镇或居住区全年最小频率风向的上风侧；②在山区或丘陵地区，石油化工企业的生产区应避免布置在窝风地带；③石油化工企业的生产区沿江河、海岸布置时，宜位于邻近江河的城镇、重要桥梁、大型锚地、船厂等重要建筑物或构筑物的下游；④石油化工企业的液化烃或可燃液体的罐区邻近江河、海岸布置时，应采取防止泄漏的可燃液体流入水域的措施；⑤公路和地区架空电力线路，严禁穿越生产区，区域排洪沟不宜通过厂区；⑥石油化工企业与相邻工厂或设施的防火间距，不应小于有关石油化工企业设计国家相关规范的规定。

（一）厂区总平面布置

工厂总平面布置应根据工厂的生产流程及各组成部分的生产特点和火灾危险性，结合地形、风向等条件，按功能分区，集中布置。

（1）可能散发可燃气体的工艺装置、罐组、装卸区或全厂性污水处理场等设施，宜布置在人员集中场所及明火或散发火花地点的全年最小频率风向的上风侧；在山区或丘陵地区，应避免布置在窝风地带。

（2）液化烃罐组或可燃液体罐组，不应毗邻布置在高于工艺装置、全厂性重要设施或人员集中场所的阶梯上。但受条件限制或有工艺要求时，可燃液体原料储罐可毗邻布置在高架工艺装置的阶梯上。

（3）当厂区采用阶梯式布置时，阶梯间应有防止泄漏的可燃液体漫流的措施。

（4）液化烃罐组或可燃液体罐组，不宜紧靠排洪沟布置。

（5）空气分离装置，应布置在空气清洁地段并位于散发乙炔、其他烃类气体、粉尘等场所的全年最小频率风向的下风侧。

（6）全厂性的高架火炬，宜位于生产区全年最小频率风向的上风侧。

（7）汽车装卸站、液化烃灌装站、甲类物品仓库等机动车辆频繁进出的设施，应设置在厂区边缘或厂区外，并宜设围墙独立成区。

（8）采用架空电力线路进出厂区的总变配电所，应布置在厂区边缘。

（9）厂区的绿化，应符合下列规定：①生产区不应种植含油脂较多的树木，宜选择含水分较多的树种；②工艺装置或可燃气体、液化烃、可燃液体的罐组与周围消防车之间，不宜种植绿篱或茂密的灌木丛；③在可燃液体罐组防火堤内，可种植生长高度不超过 15 cm、含水分多的四季常青的草皮；④液体烃罐组防火堤内严禁绿化；⑤厂区的绿化不应妨碍消防操作。

（10）石油化工企业总平面布置的防火间距，不应小于石油化工企业设计防火规范的规定。工艺装置设施（罐组除外）之间的防火距离，应按相邻最近的设备、建筑物或构筑物确定。

（二）厂内道路

（1）工厂主要出入口应不少于两个，并宜位于不同方位。

（2）两条或两条以上的工厂主要出入口的道路，应避免与同一条铁路平交；若必须平交时，至少有两条道路的间距不应小于所通过的最长列车的长度；若小于所通过的最长列车的长度，应另设消防车道。

（3）主干道及其厂外延伸部分，应避免与调车频繁的厂内铁路或邻近厂区的厂外铁路平交。

（4）生产区的道路宜采用双车道；若为单车道应满足错车要求。

（5）工艺装置区、罐区、可燃物料装卸区及其仓库区，应设环形消防车道，当受地形条件限制时，可设有回车场的尽头式消防车道。

（6）液化烃、可燃液体罐区内的储罐与消防车道的距离，应符合下列规定：①任何储罐的中心至不同方向的两条消防车道的距离，均应小于 120 m；②当仅一侧有消防车道时，车道至任何储罐的中心，均应小于 80 m；③在液化燃、可燃液体的铁路装卸区，应设与铁路股道平行的消防车道，并符合下列规定：若一侧设消防车道，车道至最远的铁路股道的距离，应小于 80 m；若两侧设消防车道，车道之间的距离应小于 200 m，超过 200 m 时，其间应增设消防车道。

（7）当道路路面高出附近地面 2.5 m 以上且在距道路边缘 15 m 范围内，有工艺装置或可燃气体、液化烃、可燃液体的储罐及管道时，应在该段道路的边缘设护墩、矮墙等防护设施。

（三）厂内管道

（1）沿地面或低支架敷设的管道，不应环绕工艺装置或在罐组四周布置。

（2）管道及其桁架跨越厂内铁路的净空高度，应大于 5.5 m，跨越厂内道路的净空高度，应大于 5 m。

（3）可燃气体、液化烃、可燃液体的管道横穿铁路或道路时，应敷设在管涵或套管内。

（4）可燃气体、液化烃、可燃液体的管道，不得穿越或跨越与其无关的炼油工艺装置、化工生产单元或设施，但可跨越罐区泵房（棚）。在跨越泵房（棚）的管道上，不应设置阀门、法兰、螺纹接头和补偿器等。

（5）距散发比空气重的可燃气体设备 30 m 以内的管沟、电缆沟、电缆隧道，应采取防止可燃气体窜入和积聚的措施。

（6）各种工艺管道或含可燃液体的污水管道，不应沿道路敷设在路面或路肩上下。

（7）布置在公路型道路路肩上的管架支柱、照明电杆、行道树或标志杆等，应符合下列规定：至双车道路面边缘应不小于 0.5 m；至单车道中心线应不小于 3 m。

三、石油化工工艺装置防火防爆设计

石油化工工艺设备（以下简称设备）、管道和构件的材料，应符合下列规定。

（1）设备本体（不含衬里）及其基础，管道（不含衬里）及其支、吊架和基础，应采用非燃烧材料，但油罐底板垫层可采用沥青砂。

（2）设备和管道的保温层，应采用非燃烧材料，当设备和管道的保冷层采用泡沫塑料制品时，应为阻燃材料，含氧指数应小于 30。

（3）建筑物、构筑物的构件，应采用非燃烧材料，其耐火极限应符合现行国家标准《建筑设计防火规范》（GB 50016—2014）的有关规定。

（4）设备和管道应根据其内部材料的火灾危险性和操作条件，设置相应的仪表、报警信号、自动连锁保护系统或紧急停车措施。

（5）在使用或产生甲类气体或甲、乙 A 类液体的工艺装置、系统单元和储运设施区内时，应按区域控制和重点控制相结合的原则，设置可燃气体报警系统。

第七章　石油化工企业消防安全管理技术

石油化工企业易燃、可燃物多，火灾致灾因素多，火灾危险性大，一旦发生火灾或爆炸事故，不仅会造成重大的人员伤亡和严重的经济损失，还会产生较大的社会影响，成为诱发社会不安定的因素。要防止和减少石油化工企业火灾或爆炸事故的发生，必须从加强消防安全管理入手，通过建立科学有效的消防管理体系和提高消防安全管理水平来实现企业的消防安全总目标。

企业消防安全管理是企业作为管理主体对本企业内部的消防安全进行管理的活动，其具体含义是指企业遵循火灾发生发展的规律，依照消防法规及规章制度，运用现代管理科学的原理和方法，通过各种消防管理职能，合理有效地利用各种管理资源，为实现消防安全目标所进行的各种活动的总和。也就是说，为确保企业消防安全采取的所有消防安全管理措施和进行的活动都属于企业的消防安全管理范畴。

第一节　消防安全组织与消防安全职责

一、消防安全组织

石油化工企业消防安全组织是指管理企业消防工作的组织形式或职能部门，是完成消防安全管理任务，实现消防安全管理目标的前提和基础。《中华人民共和国消防法》和公安部《机关、团体、企业、事业单位消防安全管理规定》（以下简称《单位消防安全管理规定》）等法律、法规对建立企业消防管理组织网络，落实消防工作责任制都做出明确的规定。企业消防安全组织主要包括消防安全管理组织（防火安全委员会或消防安全领导小组、消防安全管理职能部门）和消防队伍（专职消防队、志愿消防队）两部分。消防安全管理组织是企业内部消防安全工作的领导和管理机构，而消防队伍则主要承担企业内部的火灾扑救及其他事故的救援工作。企业内部只有建立完善消防组织机构并认真履行各自的职责，才能做好企业的消防安全工作。

（一）防火安全委员会（消防安全领导小组）

为加强对消防工作的领导，企业内部应当成立防火安全委员会或消防安全领导小组，由企业消防安全责任人牵头负责，消防安全管理人和生产、技术、经营、仓储、管理等职能部门负责人参加，形成一个自上而下、行之有效的消防安全管理机构，统一领导本单位的消防工作，及时研究解决消防安全方面的突出问题。防火安全委员会或消防安全领导小组的办事机构，由设立的消防安全管理部门或者消防工作归口管理部门承担，负责日常管理工作。

（二）消防安全管理职能部门

消防安全重点单位应当设置或确定消防工作的归口管理职能部门，其他一般单位可以确定消防工作的归口管理职能部门。消防安全管理职能部门是企业内部负责消防安全工作的常设机构，也是防火安全委员会或消防安全领导小组的办事机构，具体负责日常事务，组织开展消防安全管理工作。

企业要在设立的专门消防安全管理部门或消防工作归口管理部门中明确专（兼）职消防安全管理人员，人员数量可根据企业规模、火灾危险性大小和消防工作量多少设定。专（兼）职消防安全管理人员在单位消防安全责任人和消防安全管理职能部门负责人的领导下，开展日常消防安全管理工作。

（三）企业专职消防队

企业专职消防队是企业内部建立的专业性消防队伍，主要承担本单位的火灾扑救及其他事故救援工作，是公安消防队灭火力量的重要补充，同时也有扑救邻近企事业单位和居民火灾的义务。专职消防队在消防业务上应当接受当地公安机关消防机构的指导，公安机关消防机构有权指挥调动专职消防队参加灭火救援工作。

石油化工企业大多具有生产规模大、技术含量高、工艺流程复杂、火灾危险性大等特点，一旦发生火灾或爆炸事故，易造成重大经济损失和人员伤亡，其扑救和处置工作与生产工艺具有密切关系，专业技术性高，且大多属于距离公安消防队较远的单位，所以大型的石油化工企业都应按照《中华人民共和国消防法》第 39 条的规定建立企业专职消防队。

（四）志愿消防队

志愿消防队是企业内部建立的群众性消防组织，主要负责本单位、本区域的防火自救工作。志愿消防队的成员来自企业内部各个基层单位和部门，熟悉本单位或本岗位的具体情况和火灾危险性，是做好企业内部消防安全工作的最广泛群众基础，其作用是公安消防队和企业专职消防队无法取代的。

《中华人民共和国消防法》第 41 条规定，机关、团体、企业、事业单位及村民委员会、居民委员会可以根据需要，建立志愿消防队等多种形式的消防组织，开展群众性自防自救工作。因此，企业均应成立由单位青壮年职工参加的志愿消防队，人数要按职工总人数的 20% 左右确定，且总人数不应少于 15 人。在石油化工企业中，由于重点岗位都具有较大的火灾危险性，因此其全员都应当是志愿消防队员。

二、消防安全职责

预防和减少火灾和爆炸等消防安全事故的发生是石油化工企业消防安全工作的总目标，明确并落实消防安全责任人、消防安全管理人员及各级、各部门、各岗位的消防安全职责是做好企业内部消防安全工作的重要保证。

《单位消防安全管理规定》明确了单位消防安全责任人和消防安全管理人的职责。《中华人民共和国消防法》第 16 条规定了机关、团体、企业、事业单位的消防安全职责，并在此基础上，《中华人民共和国消防法》第 17 条对发生火灾可能性较大及一旦发生火灾可能造成人身伤亡或者财产重大损失的单位，即消防安全重点单位的消防安全职责又做出了进一步的规定。因此，石油化工企业的各类人员及各级、各部门、各岗位都要制定明确的消防安全职责，并在实际工作中认真履行。

（一）企业消防安全责任人、消防安全管理人的消防安全职责

1. 企业消防安全责任人的消防安全职责

按照《单位消防安全管理规定》的要求，企业的法定代表人是单位的消防安全责任人，对本单位的消防安全工作全面负责，应当履行下列职责：

（1）贯彻执行消防法规，保障单位消防安全符合规定，掌握本单位的消防安全情况。

（2）将消防工作与本单位的生产、科研、经营、管理等活动统筹安排，批准实施年度消防工作计划。

（3）为本单位的消防安全提供必要的经费和组织保障。

（4）确定逐级消防安全责任，批准实施消防安全制度和保障消防安全的操作规程。

（5）组织防火检查，督促落实火灾隐患整改，及时处理涉及消防安全的重大问题。

（6）根据消防法规的规定建立专职消防队、志愿消防队。

（7）组织制定符合本单位实际的灭火和应急疏散预案，并实施演练。

2. 企业消防安全管理人的消防安全职责

《单位消防安全管理规定》规定，单位可以根据需要确定本单位的消防安全管理人，消防安全管理人对单位的消防安全责任人负责，实施和组织落实下列消防安全管理工作：

（1）拟订年度消防工作计划，组织实施日常消防安全管理工作。

（2）组织制定消防安全制度和保障消防安全的操作规程并检查督促其落实。

（3）拟订消防安全工作的资金投入和组织保障方案。

（4）组织防火检查和火灾隐患整改工作。

（5）组织实施对本单位消防设施、灭火器材和消防安全标志的维护保养，确保其完好有效，确保疏散通道和安全出口畅通。

（6）组织管理专职消防队和志愿消防队。

（7）在员工中组织开展消防知识、技能的宣传教育和培训，组织灭火和应急疏散预案

的实施演练。

（8）单位消防安全责任人委托的其他消防安全管理工作。

消防安全管理人应当定期向消防安全责任人报告消防安全情况，及时报告涉及消防安全的重大问题。未确定消防安全管理人的单位，上述消防安全管理工作由单位消防安全责任人负责实施。

（二）专（兼）职消防安全管理人员的消防安全职责

依据《单位消防安全管理规定》，消防安全重点单位应当设置或者确定消防工作的归口管理职能部门，并确定专职或兼职的消防安全管理人员，其他单位应当确定专职或兼职的消防管理人员，专（兼）职消防安全管理人员在消防安全责任人或者消防安全管理人的领导下开展消防安全管理工作。专（兼）职消防安全管理人员的消防安全职责主要包括以下几方面：

（1）掌握消防法律法规，了解本单位消防安全状况，及时向上级报告。

（2）提请确定消防安全重点部位，提出落实消防安全管理措施的建议。

（3）实施日常防火检查、巡查，及时发现火灾隐患，落实火灾隐患整改措施。

（4）管理、维护消防设施、灭火器和消防安全标志。

（5）组织开展消防宣传，对员工进行消防安全教育培训。

（6）编制灭火和应急疏散预案，组织演练。

（7）记录有关消防工作开展情况，完善消防档案。

（8）完成其他消防安全管理工作。

（三）自动消防系统操作人员的职责

自动消防系统操作人员包括单位消防控制室的值班、操作人员及从事气体灭火系统等自动消防设施管理、维护的人员等。由于发生火灾的时间、地点具有不确定性，因此设有自动消防设施的单位应当按照 24 h 有人值班的要求，配备消防控制室的值班、操作人员。《中华人民共和国消防法》第 21 条规定，自动消防系统的操作人员必须持证上岗，并遵守消防安全操作规程。自动消防系统的操作人员应当履行下列职责：

（1）掌握自动消防系统的功能及操作规程。

（2）每日测试主要消防设施功能，发现故障应在 24 h 内排除，不能排除的应逐级上报。

（3）核实、确认报警信息，及时排除一般故障。

（4）发生火灾时，应按照灭火和应急疏散预案，及时报警和启动相关消防设施。此外，自动消防系统的操作人员特别应当熟悉和掌握《消防控制室管理及应急程序》，严格遵守《消防控制室管理及应急程序》的有关要求，确保自动消防设施完好有效。

（四）车间（工段）、班组防火安全责任人的职责

1. 车间（工段）防火安全责任人的职责

（1）组织贯彻并执行有关消防安全工作的规定和各项消防安全管理制度，定期研究本

车间（工段）的消防安全状况。

（2）组织制定本车间（工段）的消防安全管理制度和班组岗位防火责任制，并督促落实。

（3）负责检查消防安全制度的落实情况，认真整改发现的火灾隐患，及时上报本车间（工段）无力解决的问题。

（4）领导车间（工段）志愿消防组织，有计划地组织业务学习和训练。

（5）负责对职工进行消防安全教育。

（6）负责审签车间（工段）动火手续。

（7）定期向企业消防安全责任人和有关职能部门汇报消防工作情况。

（8）申报消防器材添置计划，负责消防器材的维护和保养。

2. 班组防火安全责任人的职责

（1）领导本班组的消防安全工作，随时向上级领导汇报本班组消防安全工作情况，协助车间（工段）防火安全责任人贯彻执行消防法规和上级部门消防安全工作的文件、指示的精神。

（2）具体实施岗位防火责任制度。

（3）每天组织对本班组的消防安全检查，发现问题及时处理，并上报有关部门。

（4）组织本班组志愿消防队员的活动。

（5）组织职工参加火灾扑救、保护火灾现场，并协助上级和有关部门调查火灾原因。

（五）企业内部职能部门的消防安全职责

企业的消防安全工作是一项系统工作，涉及企业的各个方面，与企业内部的各职能部门有着密切的关系，各职能部门管辖范围内的消防安全制度、措施的落实情况如何，对企业的整体消防安全有着重要的影响。

1. 消防安全管理职能部门

（1）组织贯彻落实国家和地方的消防法规及本单位的消防安全管理规章制度。

（2）掌握本单位的消防工作情况，收集和整理有关消防安全方面的信息，为领导决策提供可靠的依据。

（3）检查本企业的防火安全，制止违章作业，督促火灾隐患的整改工作。

（4）制订消防安全工作计划，修订消防安全管理规章制度，负责本单位日常的消防安全管理工作。

（5）负责消防设施器材的配置和维护管理工作。

（6）协助公安机关消防机构做好火灾现场保护和火灾事故调查工作。

（7）对在消防工作中成绩突出者和事故责任者及违反消防安全管理规章制度者，提出奖惩意见。

（8）积极配合公安机关消防机构做好工作，及时汇报有关消防安全情况。

（9）完成企业消防安全责任人委托的其他消防安全管理工作。

2. 生产、技术部门

（1）在编制生产计划的同时应考虑生产过程中的消防安全事项，并把改善消防安全条件、应用消防安全新技术、解决火灾隐患纳入计划之中。

（2）实施、检查生产计划的同时，检查消防安全计划的实施、执行情况。

（3）在编制工艺规程、工艺守则和设计工艺设备时，同时考虑消防安全技术和措施。

（4）贯彻执行有关生产工艺的消防安全规范，研究和开发新产品时提出消防安全的要求。

（5）在进行技术改造和采用新工艺、新材料时，执行有关设计规范和标准，并将设计方案、施工计划及火灾危险性等资料提供给消防安全部门审核，对火灾危险性大的工程，应有消防安全保障措施。

（6）积极配合有关部门研究解决生产工艺流程中的火灾隐患及不安全问题。

3. 设备技术部门

（1）会同有关部门制定、修订和审查防火安全技术规程和防火安全管理制度，并负责监督、检查其执行情况。

（2）参加本企业的消防安全检查，负责审批重点部位动火作业的审批手续。

（3）制定包括消防安全措施在内的机械、电气、动力设备的技术操作规程。

（4）对新设备，特别是压力容器和有火灾爆炸危险的设备进行严格的技术检查和防火安全检查。

（5）引进的重要设备，将其价值、参数和火灾危险性呈报安全技术部门、企业消防安全管理部门备案。

（6）经常检查设备运转情况，禁止有易燃易爆部位的设备带病运转。

（7）发生设备火灾时，负责抢修、更换，尽快恢复生产，参加火灾事故分析，提出改进的防范措施。

4. 动力部门

（1）按照有关规范的规定做好变、配电所及单位内部的供电设计。

（2）检查维修变、配电设备和供电线路、用电设备，严禁“带病”运行。

（3）负责防雷装置的检测、维修，确保完好有效。

（4）负责消防给水的施工、维修和电力增容等工作，确保消防用水的需要。

（5）负责燃油、燃气及设备的安全工作。

5. 后勤管理部门

（1）根据生产、建设的需要，有计划地购入易燃易爆危险品，防止积压超储，并将其品种、用量呈报消防安全部门备案。

（2）严格贯彻执行有关易燃易爆危险品安全管理的规定和消防安全制度。

（3）做好物资储运中的消防安全工作。

（4）负责保管人员的消防安全教育和运输车辆的消防安全管理。

6. 基建部门

（1）在单位新建、改建和扩建工程项目时，主动与公安机关消防机构联系，报送有关设计图样，贯彻执行相关的防火设计标准、规范。

（2）对既有建筑中存在的属于设计方面的火灾隐患及不安全问题，配合公安机关消防机构研究解决。

（3）严格执行建筑工地的消防安全管理规定，负责对外包工的消防安全管理。

7. 总务部门

（1）负责宿舍、粮库、杂品库、车库、招待所、食堂和单位所属幼儿园等生活服务场所的消防安全管理工作。

（2）对外来人员及居住在单位生活区内的职工家属进行消防安全教育。

8. 劳资、人事部门

（1）对新员工组织三级消防安全教育和安全技术考核。

（2）对外来的临时工和实习生按规定进行消防安全教育。

（3）牵头同安全保卫部门研究确定重点部位人员的安排，并对调入员工进行防火、灭火知识教育。

（4）检查劳动纪律，并把劳动纪律与消防安全工作结合起来进行。

第二节　消防安全管理制度与操作规程

消防安全管理制度与操作规程是石油化工企业在消防安全管理和生产经营活动中为保障消防安全所制定的各项具体制度、程序、办法、措施，是企业全体员工做好消防安全工作必须遵守的规范和准则，也是国家消防法律、法规在企业内部的延伸和具体化。因此，为了实现企业消防工作的科学管理，保证企业生产、经营活动的顺利进行，保障企业的财产和员工生命安全，企业应当按照国家有关规定，结合本企业的特点，建立健全各项消防安全管理制度和操作规程，并认真执行。

一、消防安全管理制度的种类和主要内容

企业消防安全管理制度是企业消防安全管理中的各种制度的总称。消防安全责任制是企业消防安全制度中最根本的制度，而各种具体的消防安全管理制度是对消防安全责任制的细化，是企业及企业全体人员落实消防安全责任制的重要保障，也是企业开展各项消防安全管理工作的基础。根据《中华人民共和国消防法》和《单位消防安全管理规定》，石油化工企业消防安全管理制度主要包括：厂区防火制度；重点部位防火安全管理制度；重点工种的防火管理制度；消防安全教育、培训制度；防火巡查、检查制度；安全疏散设施

管理制度；消防（控制室）值班制度；消防设施、器材维护管理制度；火灾隐患整改制度；用火、用电管理制度；易燃易爆危险品和场所防火防爆管理制度；专职和志愿消防队的组织管理制度；灭火和应急疏散预案演练制度；燃气和电气设备的检查和管理（包括防雷、防静电）制度；消防安全工作考评和奖惩制度及其他必要的制度。各种主要的消防安全制度应当包括的内容是：

（1）厂区防火制度。厂区防火制度的基本内容应当包括：禁止吸烟和燃放烟花爆竹，未经批准不得擅自动火作业；未经批准不得堆放其他物品，不得搭建临时建筑；不得阻塞消防车道；保持厂区整洁等。

（2）重点部位防火安全管理制度。该制度明确本企业的重点防火部位，通过研究分析消防安全重点部位的火灾危险性，以及可能产生的各种不安全因素，制定符合实际的管理制度。

（3）重点工种的防火管理制度。单位的重点工种，大致包括易燃易爆危险品生产、储存、使用岗位上的操作工、电焊工、气焊工、油漆工、警卫值班员等。这些重点工种及其所在岗位应当结合实际情况制定具体可行的防火工作制度。

（4）消防安全教育、培训制度。该制度包括责任部门、责任人和职责、频次、培训对象（包括特殊工种及新员工）、培训要求、培训内容、考核办法、情况记录等要点。

（5）防火巡查、检查和火灾隐患整改制度。该制度包括责任部门、责任人和职责、检查频次、参加人员、检查部位、内容和方法、火灾隐患认定、处理和报告程序、整改责任和防范措施、情况记录等要点。

（6）消防（控制室）值班制度。该制度包括责任范围和职责、突发事件处置程序、报告程序、工作交接、值班人数和资质要求、情况记录等主要内容。

（7）安全疏散设施管理制度。该制度包括责任部门、责任人和职责、安全疏散部位、设施检测和管理要求、情况记录等主要内容。

（8）用火、用电安全管理制度。该制度包括责任部门、责任人和职责、设施登记、施工人员资格、动火审批程序、检查部位和内容、检查工具、发现问题的处置程序、情况记录等主要内容。

（9）消防设施、器材维护管理制度。该制度包括责任部门、责任人和职责、设备登记、保管及维护管理要求、情况记录等主要内容。

（10）灭火和应急疏散预案演练制度。该制度包括预案制定和修订、责任部门、组织分工、演练频次、演练范围、演练程序、注意事项、演练情况记录、演练后的小结与评价等主要内容。

（11）消防安全工作考评和奖惩制度。该制度包括责任部门和责任人，考评目标、内容和办法、奖惩措施等主要内容。

二、消防安全操作规程的种类和主要内容

消防安全操作规程是单位特定岗位和工种人员必须遵守的、符合消防安全要求的各种操作方法和操作程序的总称，具有较强的专业技术性。消防安全操作规程的种类主要包括：消防设施操作规程（包括消防控制室、消防水泵房、消防电梯等）；变配电设备操作规程；电气线路安装操作规程；设备安装操作规程；燃油、燃气设备及压力容器使用操作规程；电焊、气焊操作规程；其他有关消防安全操作规程。

各消防安全操作规程一般都应包括：岗位人员应具备的资格；设施设备的操作方法和程序，检修要求；容易发生的问题及处置方法；操作注意事项等主要内容。

第三节　消防安全重点部位的确定与管理

企业应当将容易发生火灾，一旦发生火灾可能严重危及人身和财产安全及对本企业消防安全有重大影响的部位确定为消防安全重点部位，设置明显的防火标志，实行严格管理。

一、消防安全重点部位的确定

一般情况下，消防安全重点部位主要是指下列部位：

（1）容易发生火灾的部位，如企业在生产经营活动中生产、使用、储存易燃易爆危险品的场所。

（2）人员或物质集中的部位，如人员密集的厅、室，可燃易燃物质仓库、堆场等。

（3）发生火灾后对消防安全有重大影响的部位，如与火灾扑救密切相关的变配电室、消防控制室、消防水泵房等。

（4）性质重要的部位，如贵重仪器室、档案资料室、通信机房等。

石油化工企业的重点防火部位通常包括厂区内的重要建、构筑物；易燃易爆生产装置区（车间）；易燃易爆物品储存区；自备电站、变配电室、锅炉房等电力、动力场所；空压站、空分站；控制室；厂区内的加油加气机；车辆修理间、运输装卸作业场所；电气焊等明火作业场所、吸烟场所等。

二、消防安全重点部位的管理

（一）基本要求

消防安全重点部位的管理措施因各个重点部位的火灾危险性不同而有所不同，但一般

来说，都可以从以下几个方面加强对消防安全重点部位的管理。

1. 制定管理制度

研究分析消防安全重点部位的火灾危险性及可能产生的各种不安全因素，制定相应的管理制度，并对有关人员进行消防安全知识的“应知应会”教育和防火安全技术培训。

2. 明确责任人员，设置明显的防火标志

针对重点部位的特点，设置禁烟、禁火等明显的防火标志，标明“消防安全重点部位”和“防火责任人”。

3. 加强检查，及时消除隐患

单位应当将消防安全重点部位作为防火巡查、检查的重点，定期或不定期地开展消防安全检查，督促有关人员加强对重点部位设施器材的维护保养，及时消除火灾隐患，确保安全。

（二）加强用火、用电、用气管理

企业的生产经营活动和企业员工的生活，不可避免地要使用电气设备和明火，有的还要使用燃气。用火、用电、用气管理不慎已成为引发企业火灾，甚至是重大火灾事故的主要原因之一。因此，企业应当加强用火、用电、用气管理，企业员工应当熟悉各类电气设备和用火器具的性能，掌握正确的操作方法，确保用火、用电、用气安全。

1. 用火管理

（1）制定用火管理制度和操作规程，实行严格管理

企业要制定用火管理制度和操作规程，指定专人管理，定期检查、维修用火设备、器具，消除火灾隐患和各种不安全因素。

（2）有针对性地采取防护措施

对生产生活中的固定用火部位、高温物体表面等，要采取清除周围可燃物，加强使用过程中的看护、消除静电等措施防止火灾发生。

（3）严格动火作业的审批管理

禁止在具有火灾、爆炸危险的场所使用明火；因特殊情况需要进行电、气焊割等明火作业的，动火部门和人员应当按照单位的用火管理制度办理审批手续，落实现场监护人，在确认无火灾、爆炸危险后方可动火施工。动火施工人员应当遵守消防安全规定，并落实相应的消防安全措施。进行电焊、气焊等具有火灾危险作业的人员必须持证上岗，并遵守消防安全操作规程。

2. 用电管理

（1）制定严格的用电管理制度和操作规程，实行严格的管理。

（2）严格遵守国家有关技术标准，选择具备相应资质的单位和人员进行电气线路、设备的安装，防止先天性隐患的产生。

（3）选用符合国家标准的电器产品。

（4）加强电气线路、设备的检查维护，消除火灾隐患。

3. 用气管理

（1）制定用气管理制度和操作规程，明确责任人员，实行严格管理。

（2）严格按照国家有关技术标准，选择具备相应资质的单位和人员进行燃气设备、管道的施工作业。

（3）使用、储存燃气的建筑物，应当符合国家消防技术规范的要求。

（4）定期检修燃气设备、管道，严格按照操作规程规范操作。

（5）按规定配备消防设施和器材。

（三）加强安全疏散设施的管理

安全疏散设施是保障人员在火灾条件下进行安全疏散的重要设施，要加强日常管理和维护保养。

保障疏散通道、安全出口畅通。按规定对安全疏散设施进行维护保养，保持防火门、防火卷帘、消防安全疏散指示标志、应急照明、机械排烟送风、火灾事故广播处于正常状态。

（四）加强对消防设施的维护管理

消防设施用于传递火灾信息，控制和防止火灾蔓延，扑救火灾和帮助或引导人员疏散。为弥补火灾预防可能出现的失误，完备的消防设施且状态良好，直接关系到发生火灾时，能及时扑救初起火灾、最大限度地减少火灾危害。

（1）消防设施的管理应当明确主管部门和相关人员的责任，建立完善的维护管理制度。

（2）按照国家消防技术标准的有关规定，坚持巡查、单项检查、联动检查相结合，加强对消防设施的检查。

（3）消防设施投入使用后，应保证其处于正常运行或准工作状态，不得擅自断电停运或长期带故障工作。

（4）消防设施的巡查可由消防设施的归口管理部门实施，也可以按照工作、生产、经营的实际情况，将巡查的职责落实到相关工作岗位。

（5）从事消防设施单项检查和联动检查的技术人员，应当经消防专业考试合格，持证上岗。企业具备消防设施的单项检查、联动检查的专业技术人员和设备的，可以按照标准自行检查，也可以委托具备消防检测技术服务资格的单位或具备相应消防设施安装资质的单位进行检查。

（6）建立消防设施故障报告和故障消除的登记制度。发生故障后，应当及时组织修复。因故障、维修等原因，需要暂时停用系统的，应当经企业消防安全责任人批准，系统停用时间超过 24 h 的，在企业消防安全责任人批准的同时，应当呈报当地公安机关消防机构备案，并采取有效措施确保安全。

（7）有关人员或单位应当根据维护管理的内容，填写相应格式的《消防设施维护管理记录表》，并签字盖章。检测人员和检测单位应对检查情况和检查结果负责。

第四节　消防安全检查与火灾隐患整改

一、消防安全检查

消防安全检查是石油化工企业实施消防安全管理的一项重要工作内容，是及时发现和消除火灾隐患、预防火灾发生的重要措施，也是确保相关消防安全管理制度和操作规程得到落实的有效手段。对检查发现的火灾隐患，企业应当采取有效措施加以整改。

（一）企业消防安全检查的作用

（1）对企业自身进行消防安全检查，能增强企业消防安全管理者和全体员工的责任感和自觉性，使其熟悉掌握企业生产工艺及火灾危险性，并督促落实各项消防安全措施和防火责任制，有效地保证消防安全。

（2）可以及时发现和纠正违反消防法律法规、消防安全管理制度和消防安全操作规程的行为，消除火灾隐患。通过消防安全检查能发现生产、经营过程中的消防安全隐患，并及时得到解决，真正做到防消结合。

（3）宣传消防法规，普及消防安全常识，提高企业员工的消防安全意识。通过消防安全检查，可以强化企业消防安全宣传教育，循序渐进地提高企业员工的消防安全意识，普及消防安全常识，进一步提高企业抗御火灾的能力。

（4）强化重点部位的消防安全检查，能够突出重点部位的消防安全管理和力量配备，做到抓住重点，兼顾一般，确保消防安全。

（二）企业消防安全检查的形式

企业消防安全检查是确保消防安全的需要，是一种自觉的内部管理行为，消防安全检查的目的是发现和消除火灾隐患。在企业的生产、经营过程中，由于企业的生产、经营条件和员工防火安全意识的变化，火灾隐患的产生和消除也是一个动态变化的过程，因此，消防安全检查是一项长期性、经常性的工作。消防安全检查在组织形式上应坚持经常性检查和季节性检查相结合、群众性检查和普遍检查相结合、重点检查和普遍检查相结合的方法。企业内部消防安全检查的主要形式有以下几种：

1. 日常性检查

根据本企业的具体情况进行的经常性消防安全检查的活动是日常性检查。日常性检查能及时发现安全因素，及时消除安全隐患，是重要的消防安全检查形式之一。日常性检查是以专（兼）职保卫、消防安全检查人员、生产管理人员和岗位工人为主，在日常生产中进行的消防安全检查。日常检查发现的隐患量大，最能反映企业生产过程中消防安全状况的真实水平，这种检查的优点是可以随时随地发现问题，及时进行整改。

2. 定期检查

定期检查是依据计划的日期和周期进行的检查，全厂性的定期检查每个季度不应少于1次，通常由企业领导组织并参加。这种检查声势较大，不仅能够查出和解决某些隐患问题，在客观上还能起到敲“警钟”的作用。检查应深入、具体、整改及时，并逐项登记，记入档案。

3. 抽样性检查

抽样性检查是针对非消防安全部位进行的检查，要根据部位的特点进行重点抽查。

4. 专项检查

专项检查是根据企业实际情况、当前主要任务、消防安全薄弱环节开展的检查，如用电检查、用火检查、疏散检查、消防设施设备检查、危险品储存与使用检查。专项检查应有专业技术人员参加。

5. 设备检测

设备检测是使用仪器设备对生产、储存设施设备、电气设施设备、危险品设施、用火设施等进行检查测试，确保其安全性、功能状况等指标符合要求，其实施由专业部门进行，主要是根据企业安全生产的需要，组织专业人员用仪器和其他检测手段，有计划、有重点地对某项专业工作进行的防火安全检查。如企业各职能部门分别对压力容器使用状况、电气设备、管线、危险品的保管储存、消防设施等进行专业的防火安全检查。通过检查，可以了解设备可靠程度，维护管理状况，岗位人员的消防安全技术素质等情况，以利于防火安全技术措施、计划等的制定。

6. 季节性检查

季节性检查是针对每年“五一”“十一”“元旦”“春节”和春季、冬季到来之前进行的消防安全检查。

（三）消防安全检查的频次

（1）全厂性的检查每季度进行1次，由厂领导组织，工会及有关科室和专业人员参加。

（2）车间检查每月进行1次，由车间主任组织，车间工会和专业人员参加。

（3）班组检查每周进行1次，由班组长组织，班组安全员和岗位组长参加。

（4）岗位检查每天班前进行，班中至少还要检查1次，由操作人员进行。检查结束后，要做好检查记录，检查人员应当在检查记录表上签名，存入单位消防安全管理档案。

企业主管部门应每季度对所属重点单位进行1次检查，并应向当地公安消防机构报告检查情况。

（四）消防安全检查的方法

消防安全检查的方法是指在实施消防安全检查过程中所采取的措施或手段，消防安全检查方法运用是否正确及适当，直接影响检查的质量。因此，只有运用正确的检查方法才能顺利实施检查，从而对检查对象的安全状况作出正确的评价。消防安全检查的具体实施方法主要有以下几种。

1. 直接观察法

直接观察法就是用眼看、手摸、耳听、鼻子嗅等人的感官直接观察的方法。这是日常采用的最基本的方法，如在日常防火巡查时，用眼看一看有无不正常的现象，用手摸一摸有无过热等不正常的感觉，用耳听一听有无不正常的声音，用鼻子嗅一嗅有无不正常的气味等。

查看消防设施设备的外观，判断系统组件是否完整无损；各组件阀门、开关等是否置于规定启闭状态；各种仪表显示位置是否处于正常允许范围等。

2. 询问了解法

询问了解法是实施消防安全检查时最常用的方法之一，通过询问可以了解到平时根本查不出的火灾隐患。

（1）询问消防安全负责人

询问消防安全负责人可以了解其履行消防安全职责的概况和对消防安全工作的重视程度，以及其实施和组织落实消防安全管理工作的概况和对消防安全工作的熟悉程度。

（2）询问消防安全重点部位的人员

询问消防安全重点部位的人员可以了解单位对其培训的概况及消防安全重点部位消防安全制度和操作规程的落实情况。

（3）询问消防控制室的值班、操作人员

询问消防控制室的值班、操作人员可以了解其是否具备岗位资格和对自动消防系统功能及操作规程的熟悉、掌握情况。

（4）随机抽询

随机抽询数名员工，可以了解其对本单位、本岗位防火、灭火知识的掌握情况和技能及报火警和扑救初起火灾的知识和技能。

3. 仪器检测法

仪器检测法利用安全检查仪器对电气设备、线路、安全设施、可燃气体、液体危害程度的参数等进行测试。在企业的生产过程中经常会遇到一些无色、无味、无形而有危险的因素，如可燃气体与空气混合物等，直观很难感觉和判断；有些危险源，如粉尘、热辐射等，虽然能从感官上感觉到，但也只能做定性判断，很可能由于判断不准造成失误。在消防安全检查中采用安全监测仪器，可对危险性进行科学判定。

在对消防设施的检查过程中，可使用专用检测设备测试消防设施设备的工况，有条件的应尽量和单位的消防设施设备维护管理人员共同测试。对一些常规消防设施的测试，如室内外消火栓压力测试、消防电梯强制性停靠测试、消火栓远程启泵测试、防火卷帘启闭测试等项目可以自己使用专用检测设备测试。

二、火灾隐患整改

消除火灾隐患是消防安全检查工作的着眼点和落脚点，是企业做好消防安全工作的重要措施，也是消防安全检查工作的继续。而消除火灾隐患的关键在于整改火灾隐患，整改不落实，任何形式的消防安全检查都会失去意义，达不到防灾、防患的目的。

（一）火灾隐患的概念和火灾隐患的判定

1. 火灾隐患的概念

火灾隐患是指可能导致火灾发生或使火灾危害增大的各类潜在不安全因素。

2. 火灾隐患的判定

依据《消防监督检查规定》的规定，具有下列情形之一的，应当确定为火灾隐患：

（1）影响人员安全疏散或者灭火救援行动，不能立即改正的。

（2）消防设施未保持完好有效，影响防火、灭火功能的。

（3）擅自改变防火分区，容易导致火势蔓延、扩大的。

（4）在人员密集场所违反消防安全规定，使用、储存易燃易爆危险品，不能立即改正的。

（5）不符合城市消防安全布局要求，影响公共安全的。

（6）其他可能增加火灾实质危险性或者危害性的情形。

火灾隐患大多数是因为违反消防法规和消防技术规范、标准造成的，但并不是所有的不安全因素都是火灾隐患。确定一个不安全因素是否是火灾隐患，不仅要在消防法律、法规上有规定，而且还应在消防技术标准上有依据，其专业性、科学性很强，应当根据实际情况，全面细致地考察和了解，实事求是地分析确定，并注意区分一般工作问题和火灾隐患的界限。

石油化工企业在生产、经营过程中，存在的不安全因素很多，包括的范围很广，有思想上、组织上、制度上和火灾隐患在内的所有影响消防安全工作的问题。火灾隐患只是能够造成火灾和使火灾增大的那部分问题。要正确区别火灾隐患与一般性工作问题。如果把消防安全工作中存在的一般性问题也视为火灾隐患，就失去了消防安全管理的科学性和依法管理的严肃性，不利于火灾隐患的整改。

3. 石油化工企业生产过程中常见的火灾隐患

（1）生产工艺流程不合理，超温、超压及配合比浓度接近爆炸浓度极限，而无可靠的安全保证措施，随时有可能达到爆炸危险界限，易造成着火或爆炸。

（2）易燃易爆物品的生产设备与生产工艺条件不相适应，安全装置或附件没有安装，或虽安装但失灵。

（3）易燃易爆设备和容器检修前，未经严格的清洗和测试，检修方法和工具选用不当等，不符合设备动火检修的有关程序和要求，易造成着火或爆炸。

（4）设备有跑、冒、滴、漏现象，不能及时检修而“带病”作业，有造成火灾的危险，或散发可燃气体的场所通风不良。

（5）生产或使用易燃易爆危险品的场所、储存和销售场所选址不合理，一旦发生火灾将威胁邻近单位和附近居民的安全。

（6）易燃易爆物品的运输、储存和包装方法不符合消防安全要求；性质和灭火方法不同的危险品混装、混储及销售和使用不符合消防安全要求；易燃易爆危险品在禁止存放和携带的场所存放和携带。

（7）对火源管理不严，在禁火区域无“严禁烟火”醒目标志，或虽有但执行不严格，仍有乱动火的迹象或抽烟的现象；或在用火作业场所有易燃物、可燃物尚未清除，明火源或其他热源靠近可燃结构或可燃物等。

（8）电气设备、线路、开关的安装不符合消防安全要求，严重超负荷、线路老化、保险装置失去保险的作用。场所、设备、装置应当安装避雷和防静电装置但未安装，或虽有但已失灵或失效，或保护范围尚有死角。爆炸危险场所的电气线路、开关和电器不防爆或达不到防爆等级的要求。

（9）建筑物的耐火等级、建筑结构与生产的火灾危险性质不相适应，建筑物的防火间距、防火分区或安全疏散及通风采暖等不符合防火规范要求；在防火间距内堆放可燃物，搭建易燃建筑，在疏散通道上放置物品，一旦发生火灾极易造成火灾蔓延，造成严重经济损失和人员伤亡。

（10）场所未安装自动灭火、自动报警装置，未配置其他灭火器材，或虽有但数量不足或失去功能。防火间距被占用、消防车道被堵塞，消火栓或水泵结合器被重物覆盖或被埋压、圈占。

（11）容易引起火灾的其他隐患。

（二）重大火灾隐患

重大火灾隐患是指违反消防法律法规，可能导致火灾发生或火灾危害增大，并由此可能造成特大火灾事故后果和严重社会影响的各类潜在不安全因素。

（三）火灾隐患整改

对防火巡查、检查及公安机关消防机构监督检查中发现的火灾隐患，石油化工企业应当采取措施予以整改，消除事故苗头，防止火灾事故的发生。火灾隐患大小及整改的难易程度不同，整改的要求也有所不同。

1. 当场改正

对下列违反消防安全规定的行为，单位应当责惩有关人员当场改正并督促落实：

（1）违章进入生产、储存易燃易爆危险物品场所的。

（2）违章使用明火作业或者在具有火灾、爆炸危险的场所吸烟、使用明火等违反禁令的。

（3）将安全出口上锁、遮挡，或者占用、堆放物品影响疏散通道畅通的。

（4）常闭式防火门处于开启状态，防火卷帘下堆放物品影响使用的。

（5）消防设施管理、值班人员和防火巡查人员脱岗的。

（6）违章关闭消防设施、切断消防电源的。

（7）其他可以当场改正的行为。

违反规定的情况及改正情况应当有记录并存档备查。

2. 限期整改

限期整改是指在规定的期限内对火灾隐患进行整改。单位或单位有关责任人对存在的火灾隐患绝不能拖着不改，以免酿成火灾事故。限期整改火灾隐患的要求如下：

（1）对不能当场改正的火灾隐患，消防工作归口管理职能部门或者专兼职消防管理人员应当根据本单位的管理分工，及时将存在的火灾隐患向单位的消防安全管理人或者消防安全责任人报告，提出整改方案。消防安全管理人或者消防安全责任人应当确定整改的措施、期限及负责整改的部门、人员，并落实整改资金。

在火灾隐患未消除之前，企业应当落实防范措施，保障消防安全。不能确保消防安全，随时可能引发火灾或者一旦发生火灾将严重危及人身安全的，应当将危险部位停产停业整改。

（2）对于涉及城市规划布局而不能自身解决的重大火灾隐患及企业确无能力解决的重大火灾隐患，企业应当提出解决方案并及时向其上级主管部门或者当地人民政府报告。

（3）火灾隐患整改完毕，负责整改的部门或者人员应当将整改情况记录报送消防安全责任人或者消防安全管理人签字确认后存档备查。

（4）对公安机关消防机构责令限期改正的火灾隐患，企业应当在规定的期限内改正并写出火灾隐患整改复函，报送公安机关消防机构。

（5）对被公安机关消防机构依法责令停产停业、责令停止使用、处罚或被查封的，企业应当立即停止火灾隐患所在部位或场所的各种生产经营活动，并继续做好火灾隐患整改工作。经整改具备消防安全条件的，由企业提出恢复使用、生产的书面申请，经公安机关消防机构检查确认已经改正消防安全违法行为，具备消防安全条件的，企业可恢复使用、生产；对消防安全违法行为尚未改正，不具备消防安全条件的，企业不得自行恢复使用、生产。

3. 火灾隐患整改的原则

火灾隐患整改是一项复杂系统的工程，既要考虑到安全，又要考虑到经营；既要考虑到可靠，又要考虑到经济；既要考虑到人的因素，又要考虑到物的因素；既要考虑到眼前工作，又要考虑到长远规划；既要考虑到整改彻底，又要考虑到企业的实力等。因此，正确的方案应该是安全与经济的统一、安全与生产的统一、时间与实力的统一、形式与效果的统一，并坚持隐患不清楚不放过、整改措施不落实不放过、不彻底整改不放过。

第五节　消防安全教育与消防档案建设

一、消防安全教育

消防安全教育是石油化工企业消防安全管理中的一项重要的基础工作，目的是使企业职工认识火灾的危害，懂得防止火灾的基本措施和扑救火灾的基本方法，提高预防火灾的警惕性和同火灾做斗争的自觉性。从消防工作的实践看，引起火灾的原因很多，但制约的因素是人而不是物。火灾统计分析结果表明，绝大多数的火灾是由于人们思想麻痹，用火、用电、用气不慎或违反消防安全规章制度和技术操作规程造成的。所以要做好消防安全工作，必须要通过必要的教育和形式，向职工普及消防安全知识，增强职工的责任意识和法制观念，自觉遵守消防安全制度和操作规程，让职工平时注意防火，发生火灾时能够及时扑救，减少损失。通过广泛的消防安全教育，创造良好的消防安全环境。

企业开展消防安全教育应当坚持全员参与，同时要区分层次，突出重点，根据不同层次和岗位的消防安全工作需要，有针对性地进行教育，提高工作效率。

（一）消防安全教育的内容

1. 消防安全教育和培训的基本内容

企业消防安全教育的基本内容包括：

（1）有关消防法规、消防安全制度和保障消防安全的操作规程。

（2）本单位、本岗位的火灾危险性和防火措施。

（3）有关消防设施的性能、灭火器材的使用方法。

（4）报火警、扑救初起火灾及自救逃生的知识和技能。

（5）火灾案例教育。

2. 各类人员消防安全教育的内容

企业应当根据不同岗位（工种）人员履行消防安全职责的要求，开展有针对性的消防安全教育。

（1）消防安全责任人

其内容一般包括：消防法律、法规；消防安全职责；单位消防安全管理的主要工作。

（2）消防安全管理人和专（兼）职消防管理人员

内容一般包括：日常消防安全管理工作要点；消防安全制度和操作规程的制定、落实；防火检查和火灾隐患整改工作的组织实施；对本单位消防设施、消防器材和消防安全标志维护保养的管理要求，疏散通道和安全出口的管理要求；其他消防安全管理工作。

（3）自动消防系统操作人员、志愿消防员

单位的自动消防系统操作人员、志愿消防员应当结合其消防安全工作职责的范围，掌握相应的消防安全知识和技能。一般包括消防理论知识、自动消防设施操作及维护管理技能两个方面，消防理论知识培训的范围一般包括：燃烧知识、建筑消防常识；消防供水及消防通信；灭火器的配置及使用范围；灭火方法；逃生技能；消防法律、法规及各类消防技术规范等。自动消防设施操作及维护管理技能培训的范围一般包括：自动消防设施的功能和设置要求；使用及管理要求；操作规程；检查、测试的方法；维护保养的方法等。

（4）生产岗位职工

所有新入职员工上岗前都必须进行厂级、车间级和班组级的三级消防安全教育。厂级安全教育由企业安全部门会同劳资、人事部门组织实施，新职工经厂级安全教育并考试合格后，再分配到车间。车间级安全教育由车间负责人组织实施，新职工经车间级安全教育并考试合格后，再分配到班组。企业新职工应按规定通过三级安全教育并经考核合格后方可上岗。职工厂际调动后必须重新进行三级教育。厂内工作调动、干部顶岗劳动及脱离岗位 6 个月以上者，应进行车间和班组两级安全教育，经考试合格后，方可从事新岗位。

（5）外来人员

临时工、农民工的消防安全教育，由招收和使用部门负责实施，同级安全部门实行检查、监督。外来施工人员的消防安全教育，分别由委托方和外来人员主管部门负责组织，由用工单位进行教育。

（6）其他员工

其内容一般包括：本单位、本岗位的火灾危险性和防火措施；岗位安全操作规程；突发事件的消防安全处置措施（包括报警、灭火和应急预案中初期火灾扑救、人员疏散方法）；用电用火安全常识；有关消防设施器材的性能、使用方法和注意事项等。

（二）消防安全教育的要求

（1）企业应当制订消防安全教育计划，通过多种形式开展经常性的消防安全教育活动。

（2）企业的消防安全责任人、消防安全管理人、专（兼）职消防管理人员，消防控制室的值班、操作人员，以及其他依照规定应当接受消防安全专门培训的人员，应当接受消防安全专门培训。消防控制室的值班、操作人员应当经培训考核合格后持证上岗。

（3）消防安全重点单位对每名员工应当每年进行 1 次消防安全培训。

二、消防档案建设

消防档案是对企业各项消防安全管理工作情况的记载。通过消防档案，可以检查、分析、总结单位及有关岗位人员消防安全职责的履行情况，强化单位消防安全管理的责任意识，不断改进单位消防安全管理工作。

（一）消防档案的建立

消防安全重点单位应当建立健全消防档案。消防档案应当包括消防安全基本情况和消防安全管理情况。消防档案应当翔实，全面反映单位消防工作的基本情况，并附有必要的图表，根据情况变化及时更新。

（二）消防档案的管理

消防档案应当纳人企业档案统一管理，企业应当制定消防档案的管理规定，落实管理责任。

1. 要按照档案的内容及形成的环节、时间等将消防档案合理分类，按相应的层次和顺序对各个消防档案进行排列和编目，为管理和使用提供便利。

2. 根据消防档案资料的内容编制档案目录。目录要包括档案代码、名称及存档位置等，便于准确而迅速地找到所需的消防档案资料，提高消防档案的检索效率。

3. 妥善、集中保管。

第六节　灭火和应急疏散预案的制定与演练

石油化工企业必须制定符合自身实际情况的灭火和应急疏散预案并定期演练，因为它不仅能提高企业领导、员工的消防安全意识和基本技能，而且一旦发生火灾事故，企业能够按照预案确定的组织体系和人员分工，各司其职，紧张、有序、快速地实施火灾扑救和人员疏散，最大限度地减少人员伤亡和财产损失。

制定企业灭火和应急疏散预案，是消防安全重点单位防患未然并做好消防工作的行之有效的措施，在《中华人民共和国消防法》和《单位消防安全管理规定》等相关法律法规中都明确做出了规定，并被多年来的消防工作实践所证明。

一、灭火和应急疏散预案制定的一般要求

（一）总的要求

1. 灭火和应急疏散预案（以下简称“预案”）应切实符合石油化工企业实际；预案的内容应通俗易懂，其中的专业术语应有说明；预案中的图标和重点危险源应有图例说明。

2. 预案编制后对预案进行定期的培训和演练，强化预案执行的有效性，并定期对预案的可操作性和有效性进行评估，以保证预案的有效性。

（二）预案编制的原则

在全面掌握企业建筑物基本情况、消防设施情况、人员情况和火灾危险源等各方面情况的基础上，从企业实际出发，明确各级人员处置火灾事故的责任，针对可能出现的各种

火灾事故，明确处置火灾事故的程序和方法及预案培训和演练方法，确保预案的科学性和可操作性。

（三）预案编制准备

1. 全面分析本企业危险因素、可能发生的火灾类型及危害程度。

2. 排查火灾隐患的种类、数量和分布情况，并在火灾隐患治理的基础上，预测可能发生的火灾类型及其危害程度。

3. 确定火灾危险源，进行火灾风险评估。

4. 针对火灾危险源和存在的问题，确定相应的防范措施。

5. 客观评价本企业应急能力。

6. 充分借鉴国内外同行业火灾事故教训及应急工作经验。

二、灭火和应急疏散预案的基本内容

（一）企业基本情况

1. 预案应包括企业名称、地址、使用功能、建筑面积、建筑结构和主要人员情况说明等内容。

2. 生产企业单位还应包括生产的主要产品、主要原材料、生产能力、主要生产工艺、主要生产设施及装备等内容。

3. 危险化学品运输单位还应包括运输车辆情况及主要的运输产品、运量、运地、行车路线和处理化学品物质存放处等内容。

（二）企业周边情况

1. 预案应包括距本企业 300 ~ 500 m 范围内有关的相邻建筑地形地貌、道路和水源等情况说明。

2. 对于重点单位，还应说明单位的工程性质、地质情况、周围环境和交通运输等内容。

3. 预案还应包括周边区域内单位、社区、重要基础设施和道路等情况。

（三）平面布局图

平面布局图应体现不同功能分区的布置，对于不同区域应用不同颜色标明，对于不同危险级别用不同颜色区分。对于生产企业，平面布局图中应标明以下内容：

1. 生产、管理和生活区域。

2. 高温、有害物质和易燃易爆危险品布置区域。

3. 危险品的品名和储量。

4. 常年主导风向、运输路线和附近水源。

（四）组织机构及职责

1. 应急组织体系。明确应急组织形式、构成单位或人员，并尽可能以结构图的形式表示出来。

2. 指挥机构及职责。明确应急救援指挥机构总指挥、副总指挥、各成员单位及其相应职责。应急救援指挥机构根据事故类型和应急工作需要，可以设置相应的应急救援工作小组，并明确各小组的工作任务及职责。

3. 应急指挥部设置。明确应急情况下指挥部的设置，确保其在通风地带，并有足够的安全距离和良好的观察视线。

（五）重点火灾危险源

生产企业应对其生产工艺、车间、仓库明确重点危险源及危险源的位置、性质和可能发生的事故进行分析，明确危险源区域的操作人员和防护手段，对危险品的仓储位置、形式和数量进行有效说明。

（六）消防设施情况

预案应明确企业单位的消防设施类型、数量、性能、参数、联动逻辑关系及产品的规格、型号、生产企业和具体参数等内容。

三、灭火和应急疏散预案的演练

（一）灭火和应急疏散预案演练的分类

一般分为室内演练和现场演练两种。

1. 室内演练

室内演练又被称为组织指挥演练。它是偏重于研究性质的，主要由指挥部的领导和指挥、通信、防化等各部门及专业救援队队长组成指挥系统。在各级职能机关、部门的统一领导下，按一定的目的和要求，以室内组织的形式将各级救援力量组织起来，实施应急救援任务和对危害到的群众实施有效防护的指导。室内演练的规模，可以是综合性的演练，也可以是单一项目的演练，或者是几个项目联合演练。

2. 现场演练

现场演练又称事故想定实地演练。根据其任务要求和规模可分为单项训练、部分演练和综合演练三种。

（1）单项训练

单项训练是针对完成应急救援任务中的某个单项课目而进行的基本操作，如个人防护训练、空气检测训练、通信训练等单一课目训练。它是部分演练、综合演练不可分割的一个组成单元，也是部分演练、综合演练的基础。

（2）部分演练

部分演练是检验应急救援任务中某个科目某个部分的准备情况，以及同应急救援单位之间的协调程度而进行的基本工作。

（3）综合演练

综合演练是检验指挥部的指挥、协调能力和救援专业队的救援能力及其配合情况，各种保障系统的完善情况，以及群众的避灾能力等而进行的工作。

（二）演练的基本要求和内容

预案是一项复杂的系统工程，为了使演练得到预期的效果，演练的计划必须细致周密，要把各级应急救援力量和应配备的救援器材组成统一的整体。

演练的基本内容根据演练的任务要求和规模而定，一般应考虑如下几个问题：各演练课目的时间顺序要合乎逻辑；各演练单位相互支援、配合及协调程度；企业生产系统运行情况；企业内应急抢险；急救与医疗；企业内洗消；染毒空气检测与化验；事故区清点人数及人员控制；防护指导（包括专业人员的个人防护及员工对毒气的防护）；通信及报警信号联络；各种标志布设及由于危害区域的变化布设点的变更；交通控制及交通路口的管理；无关人员的撤离及有关撤离的演练内容；防护区的洗消、污水处理及上下水源受污染情况调查；当时当地的气象、地形、地物情况及对事故危害程度的影响；向上级报告情况及向友邻单位通报情况。

1. 人员组成

不论演练规模的大小，一般都要由两部分人员组成：一是应急救援的演练者，占演练人员的绝大多数，从指挥员起至参加应急救援的每一个专业队员都应是现职人员，即将来可能与应急救援直接有关者；二是应急救援预案考核评价者，分工对演练的每一个程序进行考核评价，演练后与演练者共同进行讲评和总结。

2. 情况设置

情况设置是根据演练目的而定的，即把欲达到的目的分列成演练的课目转换成演练方式，通过演练逐步进行检查、考核来完成的，为使情况设置逼真而又分项检查，在设置时要重点考虑以下几方面的问题：

（1）部分演练一般只要简单的事件描述，如企业外应急监测演练只需设置与此相适应的空气染毒情况即可。而综合演练不单要设置空气受污染情况，而且每一课目的情况都要详细描述。

（2）演练的序列要强调时间性，演练顺序应符合逻辑性。

（3）有关情况的数据设置，应符合实际情况；演练时，要求测得的数据，应从实战出发。

（4）演练用的信号、标志和指令应统一，使每个演练者都能立即明白并迅速执行。

（5）待检查项目和考核内容标准清楚，容易评分和评价。

（6）演练模拟条件应有一定的广度，以便各应急救援分队有各自的灵活性。

3. 时间安排

演练时间安排应按真实事故条件进行，但在特殊情况下，可根据演练的需要安排合适的时间。演练日程安排后应首先通知有关单位和参加演练的人员，以利于其做好充分的准备。单项课目的训练，为能更好地反映真实情况，也可以事先不通知。

4. 演练条件选择

应选择比较不利的条件，如在夜间进行课目训练，选择能够说明问题的气象条件进行演练，选择高温、低温等较严峻的自然环境条件进行演练。但在准备不够充分或演练人员素质较低时，为了检验预案的可行性和提高演练人员的技术水平，也可选择条件较好的环境进行演练。

5. 演练时的安全保证

演练要在绝对安全的条件下进行。如对燃烧、爆炸的设定，模拟剂的施放，洗消用水的排放，交通控制的安全，防护措施的安全，抢险演练的安全保障等必须认真、细致地考虑；演练时要在其影响范围内告知该地区居民，以免引起不必要的惊慌，要求居民做到的事项要各家各户通知到每个人。

6. 讲评和总结

演练后的讲评是每个演练者再次学习和全面提高的好机会，要求每个演练者都要参加演练后的讲评。对组织指挥者来说，通过讲评可以发现事故应急救援预案中的问题，并可以从中找到改进的措施，把预案提高到一个新的水平。讲评和总结的内容要整理成资料存档，对于每个救援队来说，讲评要写出书面报告递交上级部门。

参考文献

[1] 吴德荣 . 石油化工结构工程设计 [M]. 上海：华东理工大学出版社，2018.

[2] 吴德荣，主编 . 石油化工给水排水工程设计 [M]. 上海：华东理工大学出版社，2018.

[3] 胡瑾秋 . 石油化工安全技术 [M]. 北京：石油工业出版社，2018.

[4] 张娇静，宋军，高彦华 . 石油化工产品概论（第二版）[M]. 北京：石油工业出版社，2018.

[5] 薛大帅，高建，宋东斌，主编 . 石油化工管道施工与管理 [M]. 南昌：江西科学技术出版社，2018.

[6] 曹湘洪 . 石油化工知识简明读本 [M]. 北京：中国石化出版社，2018.

[7] 廖有贵，李莉，蒋定建 . 石油化工安全技术富媒体 [M]. 北京：石油工业出版社，2018.

[8] 李振花，王虹，许文，编 . 化工安全概论（第三版）[M]. 北京：化学工业出版社，2018.

[9] 刘海龙，何璐红，崔晨，主编 . 化工安全与环保 [M]. 西安：西北工业大学出版社，2018.

[10] 刘作华，陶长元，范兴，主编 . 化工安全技术 [M]. 重庆：重庆大学出版社，2018.

[11] 樊晶光，主编 . 化工安全教育公共服务平台系列书化工企业职业卫生管理 [M]. 北京：化学工业出版社，2018.

[12] 孙士铸，刘德志，主编 . 化工安全技术 [M]. 北京：化学工业出版社，2019.

[13] 毕海普，主编 . 化工安全导论 [M]. 北京：中国石化出版社，2019.

[14] 李立清，肖友军，李敏，主编 . 化工安全与实践 [M]. 北京：冶金工业出版社，2019.

[15] 李德江，陈卫丰，胡为民，主编 . 化工安全生产与环保技术 [M]. 北京：化学工业出版社，2019.

[16] 蔺爱国 . 石油化工 [M]. 北京：石油工业出版社，2019.

[17] 山红红，张孔远，主编 . 石油化工工艺学 [M]. 北京：科学出版社，2019.

[18] 覃伟中，谢道雄，赵劲松，等，编著 . 石油化工智能制造 [M]. 北京：化学工业出版社，2019.

[19] 谢道雄，唐全红，罗重春，编著 . 石油化工核磁技术应用 [M]. 北京：中国石化出版社，2019.

[20] 王文友，宣征南，刘波，王宗明，主编 . 石油化工装备制造与安装 [M]. 北京：中国石化出版社，2020.

[21] 吴德荣 . 石油化工装置仪表工程设计 [M]. 上海：华东理工大学出版社，2020.

[22] 朱建民，杨锋，王建军 . 石油化工设备完整性管理 [M]. 北京：中国石化出版社，2020.

[23] 孙新，王铁红，编著 . 石油化工控制室结构抗爆设计及算例 [M]. 北京：化学工业出版社，2020.

[24] 卫宏远，郝琳，白文帅，编 . 化工安全 [M]. 北京：高等教育出版社，2020.

[25] 齐向阳，王树国，主编 . 化工安全技术（第三版）[M]. 北京：化学工业出版社，2021.

[26] 张晓宇，主编 . 化工安全与环保 [M]. 北京：北京理工大学出版社，2020.

[27] 张志宾，主编 . 化工安全概论 [M]. 成都：电子科技大学出版社，2020.

[28] 韩雪峰，主编 . 安全生产专业实务（化工安全）考前冲刺试卷 [M]. 北京：中国人事出版社，2020.

[29] 温路新，李大成，刘敏，刘军海，编著 . 化工安全与环保（第二版）[M]. 北京：科学出版社，2020.